AF877206

Escola Tècnica del Vallès

VEHÍCULOS ELÉCTRICOS
FUNCIONAMIENTO Y MANIPULACIÓN SEGURA

- Historia del vehículo eléctrico
- Prevención de Riesgos Laborales
- Medidas de seguridad y protección
- Funcionamiento y diagnóstico de las baterías de alta tensión
- Funcionamiento, diagnóstico y reparación de los motores eléctricos
- Diagnosis del sistema de alta tensión
- Protocolo de desconexión del sistema de alta tensión
- Trabajos de mantenimiento del vehículo eléctrico
- Diagnosis mediante EOBD
- Calefacción y climatización de los vehículos eléctricos
- Cuestionarios de autoevaluación

Edita:

ESCOLA TÈCNICA DEL VALLÈS
Pg. Sant Valerià, 106
08186 Lliçà d'Amunt
BARCELONA
e-mail: escolatecnicadelvalles@gmail.com

Realización/autor

Escola Tècnica del Vallès

Esquemas y Maquetación

Escola Tècnica del Vallès

Asesor lingüístico: Llorenç Francès i Gallart

Diseño de cubierta: Escola Tècnica del Vallès

Fotomecánica / impresión : Amazon

Depósito legal: B 1849-2023
ISBN: 978-84-126365-9-8

ÍNDICE

ÍNDICE

Enlaces de los videos relacionados con este manual

Canal YouTube de Escola Tècnica del Vallès

https://www.youtube.com/@escuelatecnicadelvalles/videos

Libros editados

https://www.amazon.es/dp/B0BP3HVJ6R

Como desconectar la alta tensión de un coche eléctrico

https://www.youtube.com/watch?v=Q-0wjc5wUso

Megaóhmetro, instrucciones de uso

https://www.youtube.com/watch?v=XAUNZl0j8wE

Milióhmetro, instrucciones de uso

https://www.youtube.com/watch?v=KJjYCNm6X54

Opel Mokka-e técnica y funcionamiento

https://www.youtube.com/watch?v=9RQGpxgJJLk

INTRODUCCIÓN

CONFIGURACIÓN DEL AUDI E-TRON QUATTRO

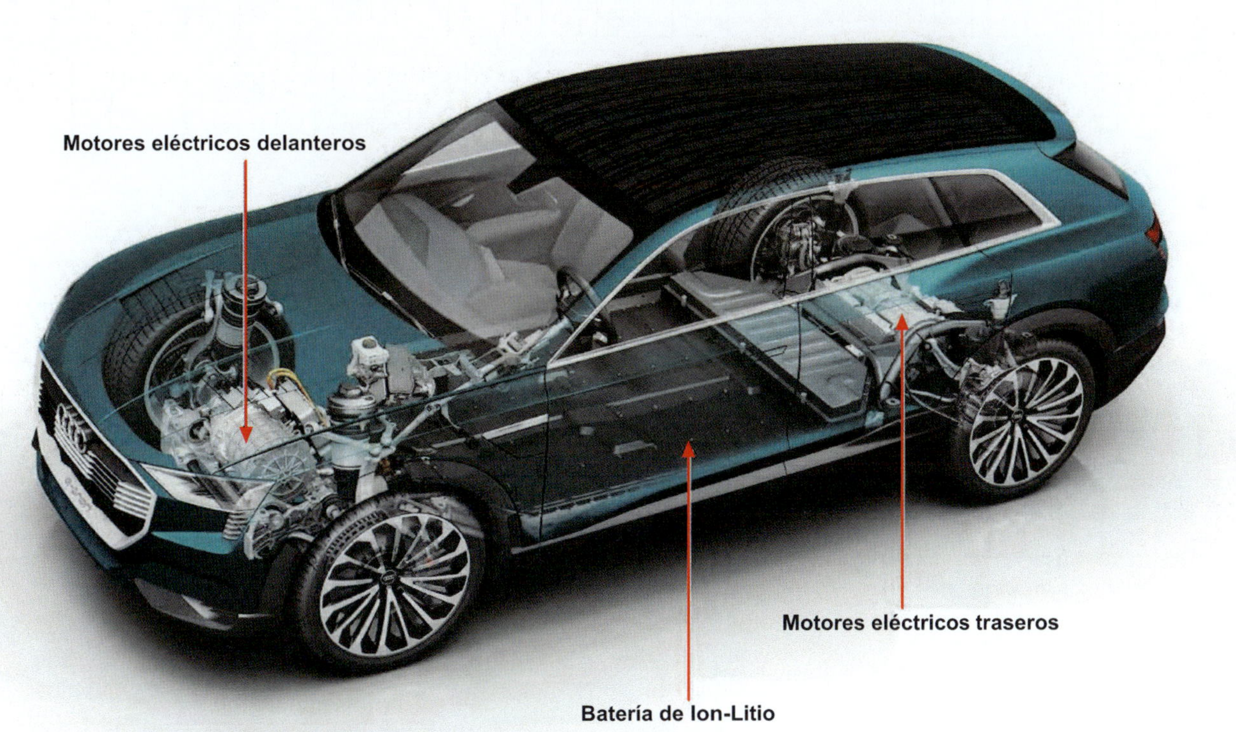

Cortesía de Audi. © Audi

Actualmente todos los fabricantes de turismos, ciclomotores, motocicletas, vehículos industriales y vehículos de transporte urbano e interurbano están trabajando seriamente en el desarrollo de sistemas de propulsión eléctrica.

OBJETIVOS DEL VEHÍCULO VERDE

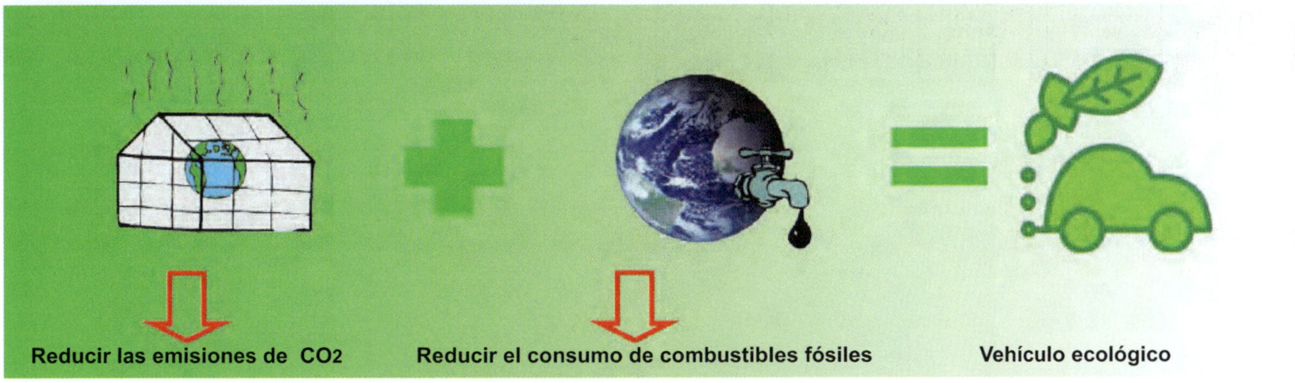

Por cuestiones medioambientales es necesario reducir las emisiones de CO_2 causantes del efecto invernadero y del calentamiento global. La utilización de combustibles fósiles también degrada seriamente el planeta, por tanto es necesario utilizar nuevas fuentes de energía.

El vehículo verde se fundamenta en los siguientes requisitos para aumentar la eficiencia y reducir drásticamente las emisiones contaminantes:
- Reducción de pérdidas mecánicas y térmicas (rozamiento, calor, etc.).
- Recuperación de la energía (frenada, térmica, etc.).
- Utilización de combustibles alternativos a los fósiles tales como GNC (Gas Natural Comprimido), GLP (Gas Licuado de Petróleo), Biocombustibles y H_2 (Hidrógeno).
- Utilización de la energía eléctrica en vehículos híbridos y eléctricos puros.

En este autodidáctico nos centraremos en los vehículos eléctricos puros.

INTRODUCCIÓN

REDUCCIÓN DE EMISIONES DE LOS MOTORES TÉRMICOS

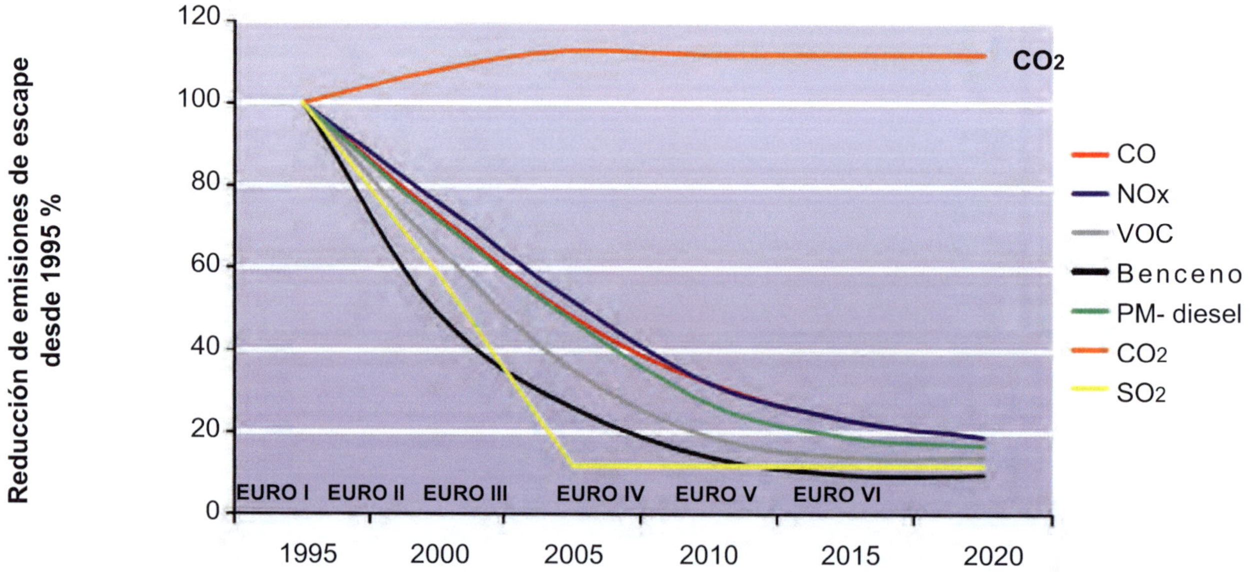

La industria del automóvil ha realizado grandes inversiones para reducir las emisiones de gases de escape desde la entrada en vigor de las normativas Europeas anticontaminación.
Gracias a la introducción de nuevas tecnologías para el control de emisiones, tanto de motores de gasolina como Diesel, se han reducido a valores sostenibles todos los componentes más nocivos de los gases de escape, pero el gran reto actual es el residuo normal de la combustión, el CO_2, que en lugar de disminuir, ha aumentado.
Los niveles promedio de emisiones de CO_2 en 1995 eran de 186 g/Km. La directiva Europea 443/2009 obligaba a los fabricantes a reducir el promedio de CO_2 de toda su gama de vehículos a 120 g/Km a partir del 2012 y a 95 g/Km en el 2020. **El objetivo propuesto actualmente es la reducción progresiva hasta el 100% de las emisiones de CO_2 en turismos y furgonetas para el 2035. Eso supondrá la desaparición de los motores de combustión.**

EMISIONES DE NOx DEL SECTOR TRANSPORTE

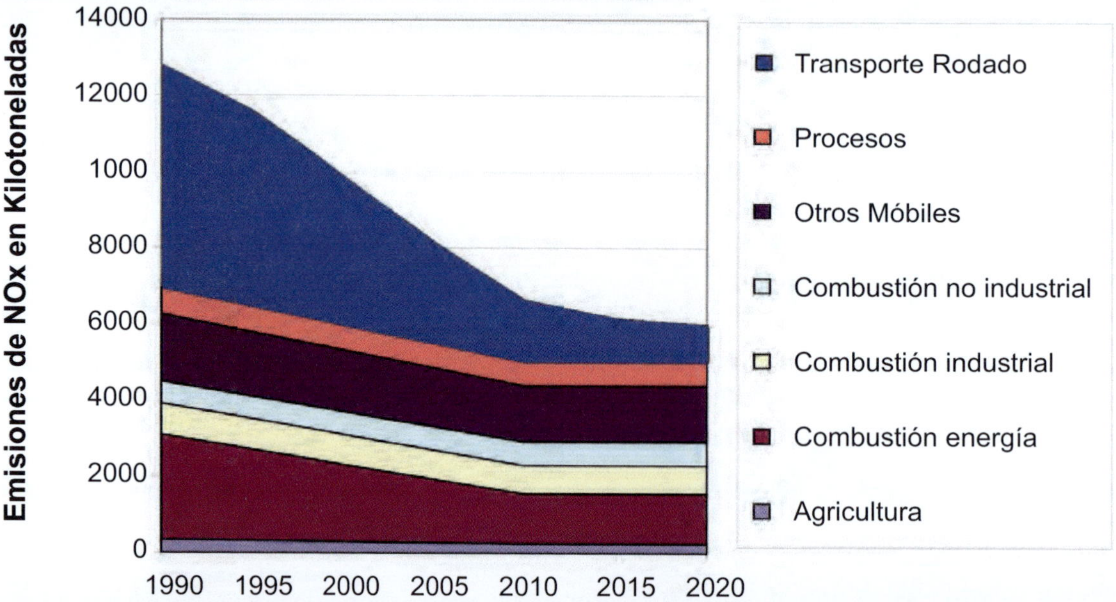

Resulta evidente que si los gobiernos y las empresas automovilísticas invierten decidida e intensamente en vehículos eléctricos, éstos podrán ser de uso masivo en pocos años. Además los niveles de contaminación, sobre todo en las grandes ciudades, se pueden reducir considerablemente. Otra ventaja sería no depender de los altibajos del precio del petróleo. En relativamente poco tiempo el vehículo eléctrico ha avanzado notablemente en prestaciones y autonomía.

INTRODUCCIÓN

HISTORIA Y DESARROLLO CRONOLÓGICO DEL VEHÍCULO ELÉCTRICO

La idea de hacer funcionar los vehículos mediante energía eléctrica no es nueva. Siempre ha sido un tema que ha impulsado el desarrollo de los vehículos. Es cierto que cuando se creía que las reservas de petróleo eran inagotables el tema de la movilidad eléctrica se vio relegado a un segundo plano. Actualmente se ha tomado consciencia de que estas reservas son limitadas, que cada vez cuesta más extraer el petróleo y que es necesario proteger el medio ambiente y el clima de una manera global.

1821 Thomas Davenport construyó el primer vehículo eléctrico alimentado con una batería no recargable capaz de circular entre 15 y 30 Km.

1860 El físico e inventor francés Gaston Planté presentó la batería de plomo-ácido, considerada la primera batería eléctrica recargable.

1881 Gustave Pierre Treuvé presenta en París el primer vehículo eléctrico reconocido oficialmente. Es un triciclo con un motor Siemens alimentado por un acumulador de plomo recargable con el que se conseguía circular a velocidades de hasta 12 Km/h.

1882 Ernst Werner Siemens construye un tranvía de tracción eléctrica. A este vehículo se le llamó Elektromote y está considerado como el primer trolebús del mundo.

1898 La empresa parisina de Charles Jeantaud líder en fabricación de vehículos eléctricos desde 1893 al 1906. Esta empresa fabricó vehículos de cuatro ruedas de dos y de seis plazas. En 1898, uno de sus vehículos eléctricos consiguió batir el record de velocidad en una competición circulando a 63,25 Km/h. Y en 1899 batió el record circulando a 92,69 Km/h.

1900 Ferdinand Porsche sorprendió al mundo automovilístico en el salón de París con su diseño de motor eléctrico en buje de rueda. Presentó el Porsche Lohner, primer vehículo del mundo con tracción a las cuatro ruedas. Este principio de fabricación fue utilizado setenta años más tarde por la Nasa en su vehículo de exploración lunar. Ferdinand Porsche fue también promotor del primer vehículo híbrido de la historia con un coche propulsado por gasolina y electricidad.

1902 Johann Albert Tribelhorn fundó la marca Suiza de automóviles y camiones A. Tribelhorn & Cia. AG que fabricó principalmente vehículos comerciales con motor eléctrico y algunos turismos. La empresa se mantuvo activa entre 1899 y 1920.

1913 Se abre la primera gasolinera en Pittsburgh (EEUU). A ésta siguieron muchas más en otras ciudades. La mejora de las infraestructuras y el bajo precio de la gasolina impulsó el desarrollo del motor de combustión en decrimento de los motores eléctricos. La mayor autonomía de los vehículos de gasolina dejó en un segundo plano a los eléctricos.

1960 Charles Alexander Escoffery realizó una gira por los Estados Unidos y Europa con el que sería probablemente el primer vehículo solar del mundo. Se trataba de un Baker Electric de 1910 al que equipó con un panel fotovoltaico de 10.640 células solares para cargar las baterías.

1969 La Nasa desarrolla un vehículo eléctrico dotado de un motor en cada rueda para la exploración lunar del programa espacial americano. El Lunar Roving Vehicle se alimentaba con dos baterías de plata-cinc con las que se conseguía una autonomía de unos 92 Km.

1973 Se produce la primera crisis del petróleo, en la que los países industrializados se dan cuenta de la dependencia de los países exportadores de petróleo. Los precios del crudo sufren in incremento importante que afecta a la economía mundial.

1985 Se celebra en Ginebra Suiza, el Tour del Sol, la primera carrera de coches solares del mundo. Participaron 72 vehículos de los cuales consiguieron acabar la carrera 50.

1987 Se celebra en Australia el World Solar Chagenge, competición de vehículos solares que recorren 3.021 Km del desierto Australiano desde Darwin hasta Adelaida. Participan vehículos de todo el mundo patrocinados por universidades, empresas e institutos. La edición de 2017 la ganó el vehículo Nuna9 de la universidad Tu Delft de los Paises Bajos a una velocidad media de 81,2 Km/h.

1991 Se comercializa el Think City, uno de los primeros vehículos diseñado como coche exclusivamente eléctrico que no proviene de una transformación de otro modelo de combustión.

1992 Volkswagen desarrolla el Golf Citystromer consistente en una transformación del Golf equipado con un motor eléctrico.

1995 El grupo Francés PSA de Citroën Peugeot inicia la fabricación de vehículos eléctricos en colaboración con Mitsubishi. Fabrican 10.000 vehículos eléctricos entre 1995 y 2005.

1996 General Motors saca al mercado su EV1 (Electric Vehicle 1) un coupé eléctrico biplaza con baterías de plomo ácido de 500 Kg. Posteriormente se dotaría de baterías de Níquel Metal Durara de mejor rendimiento.

INTRODUCCIÓN

HISTORIA Y DESARROLLO CRONOLÓGICO DEL VEHÍCULO ELÉCTRICO

2008 Sale al mercado norteamericano el Tesla Roaster fabricado por la empresa Tesla Motors. Se trata de un vehículo de tracción exclusivamente eléctrica dotado de 6187 celdas de baterías de litio similares a las de los ordenadores portátiles y conectadas en serie. Consigue acelerar de 0 a 100 Km/h en 3,8 segundos.

2009 Algunos países como Alemania ponen en marcha políticas de apoyo a la movilidad eléctrica. El objetivo es impulsar la investigación y el desarrollo de vehículos no contaminantes que utilicen la energía eléctrica como fuente de propulsión.

2023 Actualmente todos los fabricantes importantes de automóviles disponen de modelos de vehículos con propulsión 100% eléctrica. Es un mercado en gran expansión que pretende conseguir cotas de mercado importantes en los próximos años.

1881 triciclo eléctrico G. P. Treuvé

1900 Porsche Lohner

1969 Lunar Roving Vehicle

1898 Jeantaud eléctrico

1960 Baker solar

1902 Tribelhorn eléctrico

1902 Tribelhorn eléctrico

2017 Coche solar Nuna9 ganador de World solar Chagenge

CONFIGURACIÓN BÁSICA DE UN VEHÍCULO ELÉCTRICO

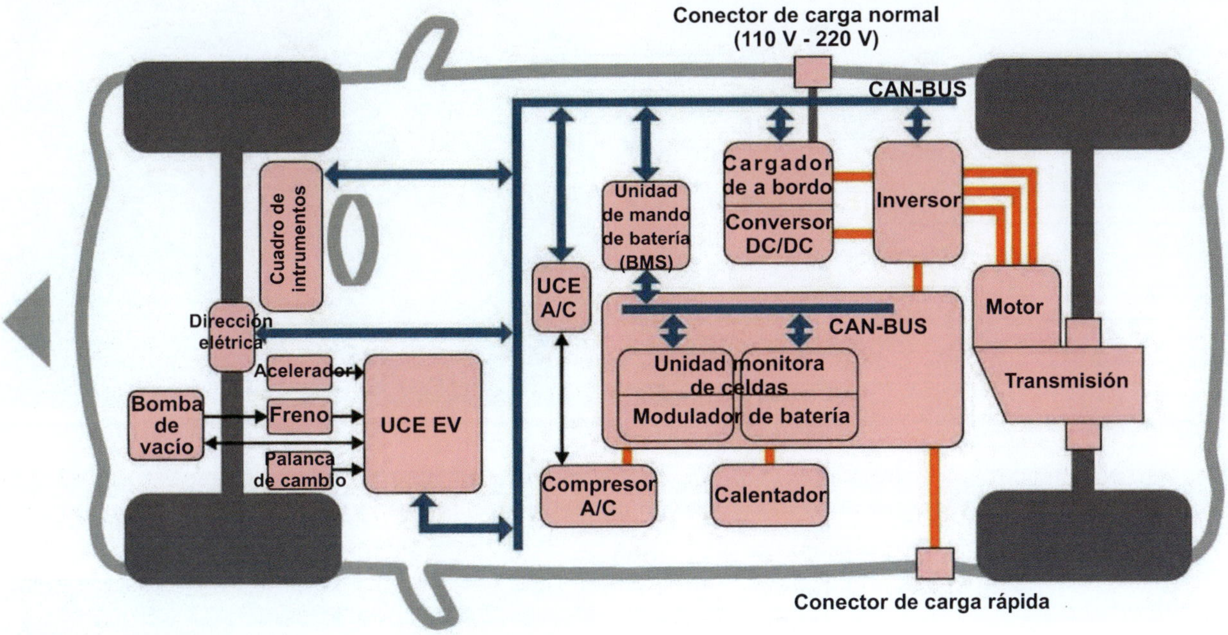

Proceso de carga para conducción

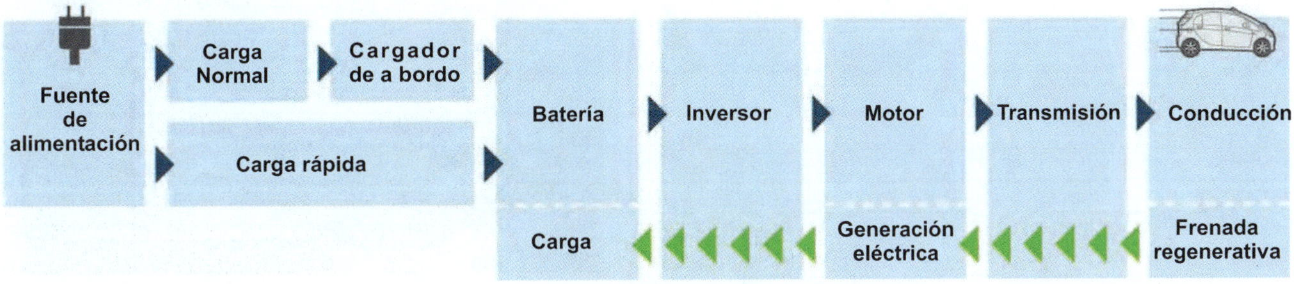

FUNCIONES ASUMIDAS POR LA UNIDAD DE CONTROL ELECTRÓNICO DEL VEHÍCULO ELÉCTRICO

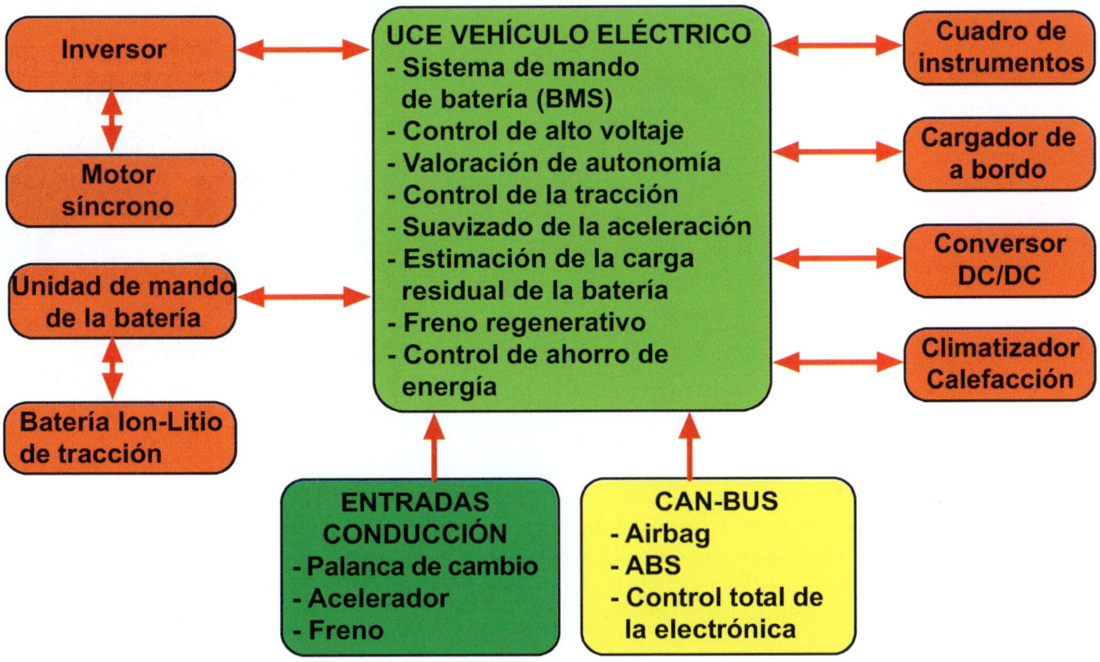

ELEMENTOS GENERALES Y FUNCIONES DEL VEHÍCULO ELÉCTRICO

BATERÍA DE ALTA TENSIÓN

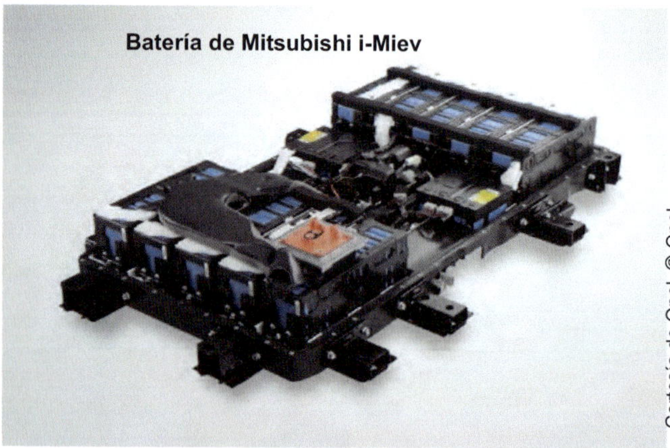

Las baterías más utilizadas en los vehículos eléctricos son de Ion-Litio. En función del voltaje deseado se instalan un número de celdas en serie que a su vez se conectan en paralelo para aumentar la capacidad y en consecuencia la autonomía del vehículo. La tecnología de las baterías tiene mucho camino que recorrer y se está investigando en nuevos materiales. Actualmente, algunos fabricantes, entre ellos Tesla, están instalando baterías de litio ferrofosfato, de menor densidad energética pero más baratas.
Como norma general suelen ir colocadas en el piso del vehículo, de esta forma se baja el centro de gravedad y quedan ocultas ocupando el mínimo espacio posible.
Están colocadas dentro de una caja de acero que las protege en caso de accidente.
Suelen disponer de un sistema de refrigeración-calefacción para que la batería trabaje en los mejores márgenes de temperatura.

MOTORES DE TRACCIÓN

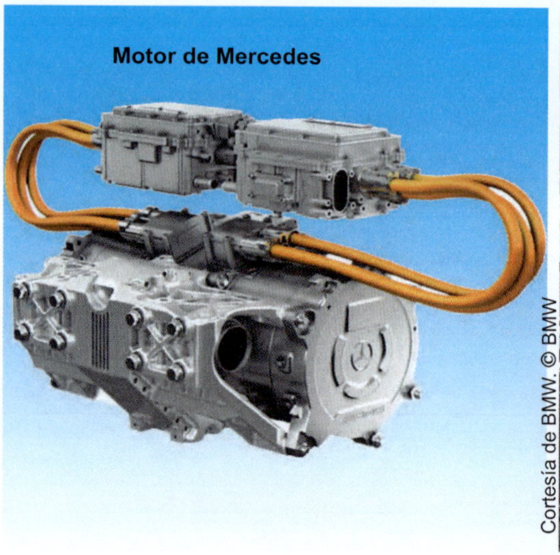

Los motores utilizados para la tracción de los vehículos eléctricos suelen ser de corriente alterna trifásica y de funcionamiento síncrono con el rotor de imanes permanentes de neodimio.
Dependiendo del vehículo, se pueden instalar de uno a cuatro motores eléctricos.
La configuración puede ser de tracción delantera, propulsión trasera o tracción total bien con dos motores o con cuatro, uno por rueda. En los vehículos con cuatro motores, estos se controlan de forma independiente para controlar la tracción en cada rueda.
Los motores asumen dos funciones. Transmiten la fuerza necesaria a las ruedas para el desplazamiento del vehículo y en retenciones y frenadas se transforman en potentes generadores de corriente para cargar las baterías de alta tensión.

ELEMENTOS GENERALES Y FUNCIONES DEL VEHÍCULO ELÉCTRICO

CARGADOR DE A BORDO

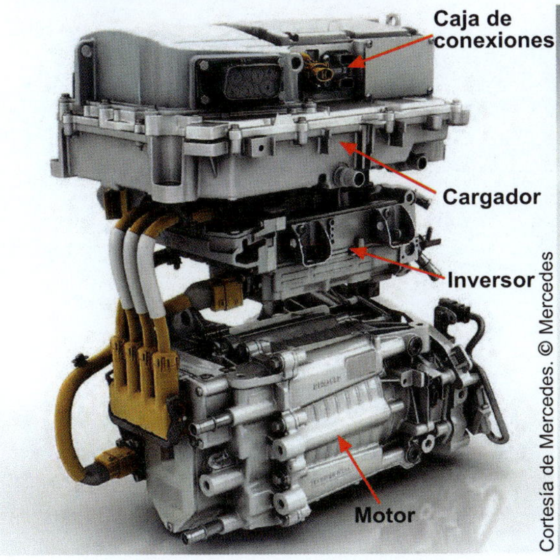

Cortesía de Renault. © Renault

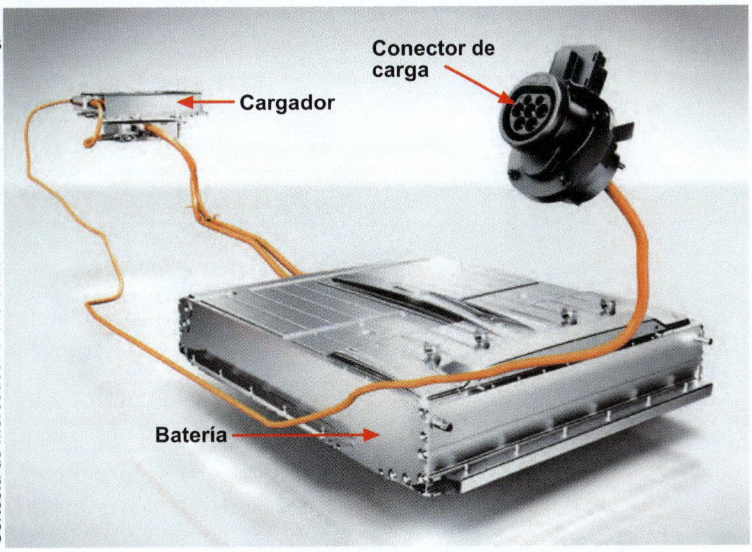

Cortesía de Mercedes. © Mercedes

En los vehículos eléctricos es necesario cargar la batería de alta tensión desde la red eléctrica general. Para ello, los vehículos eléctricos disponen de un cargador de a bordo que transforma la corriente alterna de la red en la corriente continua necesaria para cargar la batería.

Hay modelos de vehículos en los que sólo se puede cargar la batería desde la red eléctrica general de forma lenta. En función de la potencia que sea capaz de soportar el cargador, el proceso normal de carga puede durar entre 8 y 12 horas.

Hay otro modelos, que además de la carga lenta mediante corriente alterna, pueden ser cargados directamente con corriente continua de alta intensidad. Los que disponen de esta opción nos permiten cargar la batería al 80% de su capacidad en aproximadamente media hora.

Los datos proporcionados respecto a los tiempos de carga son aproximados. En cada caso dependerán de los watios de potencia capaz de suministrar el cargador y de la capacidad de la batería.

INVERSOR-CONVERSOR

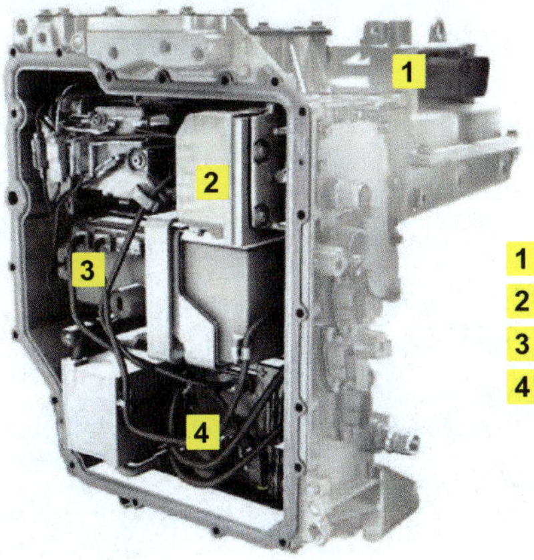

Cortesía de Renault. © Renault

1 Entrada
2 Conversor DC/DC
3 Rectificador
4 Inversor

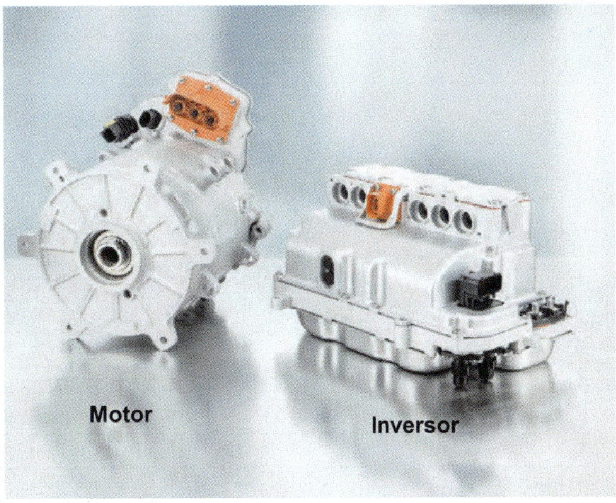

Cortesía de Bosch. © Bosch

INVERSOR

Es el elemento encargado de transformar la corriente continua de la batería en corriente alterna para alimentar el motor de tracción. También rectifica la corriente alterna generada por el motor de tracción cuando funciona como generador en las retenciones y frenadas. El paso de corriente por este elemento es muy elevado, razón por la cual necesita un circuito de refrigeración.

CONVERSOR

Es el componente que baja la tensión (DC) de la batería de tracción (200 a 400 V) a un valor de 14 V (DC) para cargar la batería de accesorios de la red de baja tensión para el alumbrado, cierre centralizado, elevalunas, equipo de audio, etc.

ELEMENTOS GENERALES Y FUNCIONES DEL VEHÍCULO ELÉCTRICO

MONITORIZACIÓN DE LA BATERÍA, UNIDAD DE MANDO DE BATERÍA (BMS)

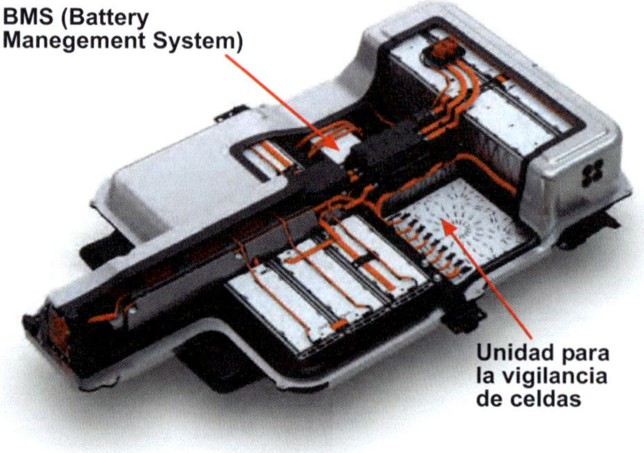

Cortesía de Volkswagen. © Volkswagen

Es una Unidad de Control Electrónico situada normalmente en la carcasa de la batería de alta tensión y que monitoriza en todo momento el funcionamiento de la batería.
Con el control exhaustivo de la batería se previenen y evitan: fallos críticos que afectan a la robustez de un vehículo eléctrico, la reducción de la duración útil de la batería en caso de sobrecalentamiento y evita daños irreversibles de las celdas en caso de sobrecarga o pérdida de carga.
La BMS es una unidad maestra que está conectada con otra esclava por cada módulo de batería.
Las funciones asumidas por la BMS son:
- Cálculo del estado de carga SOC (State Of Charge).
- Controlar la temperatura, voltaje y fuga de corriente para proteger la batería por baja o alta tensión.
- Medición de voltaje y temperatura de cada celda.
- Realizar el balanceo de celdas.
- Medición de la resistencia de aislamiento.
- Controlar los relés principales.

SISTEMA DE TRANSMISIÓN

Cortesía de Chevrolet. © Chevrolet

Gracias al par disponible desde las primeras vueltas de giro de los motores eléctricos, normalmente en los vehículos eléctricos no es necesaria una caja de cambios convencional. Funcionan como un vehículo con cambio automático de una sola velocidad.
Los vehículos eléctricos disponen de un mecanismo reductor y un diferencial convencional. La velocidad se adapta variando las revoluciones del motor eléctrico.
Tampoco necesitan piñones para la marcha atrás. Esto se consigue invirtiendo el giro del motor de propulsión eléctrico.
El mecanismo reductor se puede hacer con dos piñones de diferente diámetro y número de dientes o mediante un mecanismo de engranajes epicicoidales.

ELEMENTOS GENERALES Y FUNCIONES DEL VEHÍCULO ELÉCTRICO

PALANCA DE CAMBIO

Cortesía de Mitsubishi. © Mitsubishi

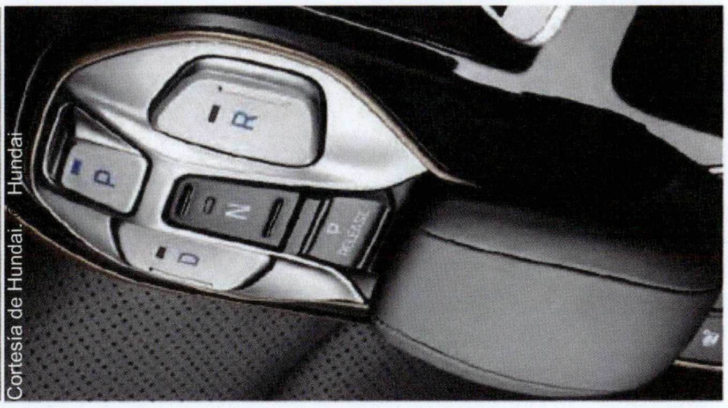

Las palancas de cambio de los vehículos eléctricos pueden ser similares a las de un cambio automático o ser sustituidas por botones, con las funciones básicas de:

- **D**, para conducción normal hacia delante.
- **N**, neutro o punto muerto.
- **P**, parking con bloqueo mecánico.
- **R**, para la marcha atrás.

En algunos casos desde la palanca también se pueden seleccionar distintos modos de conducción y de recuperación energética.

Los modos de conducción seleccionables desde la palanca o desde botones adicionales pueden ser:

- **NORMAL**, para el modo de conducción cotidiana.
- **ECO**, para conducción ecológica con aceleraciones suaves y reducción de potencia para economizar y aumentar la autonomía. Con uso racional y limitado de la calefacción y la climatización.
- **SPORT**, para máxima aceleración y tener disponible toda la potencia del motor.

Respecto a niveles de recuperación se puede seleccionar entre:

- **B**, máxima recuperación con máximo freno motor para recuperar toda la energía.
- **D**, recuperación normal.
- **C**, recuperación nula, sin retención para conducción a vela.

CUADRO DE INSTRUMENTOS

Cortesía de Mitsubishi. © Mitsubishi

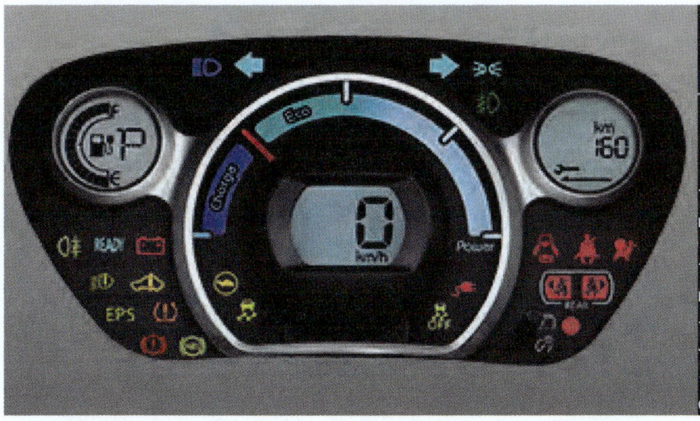

Dejando aparte el diseño, que puede ser más o menos atractivo, casi todos utilizan el color azul. El cuadro de instrumentos ofrece información general del funcionamiento del vehículo (velocidad, iluminación, testigos de ABS, ESP, airbag ...).

Como información específica de los vehículos eléctricos, en el cuadro disponemos de información relativa a:

- Estado de carga de la batería.
- Modo de conducción seleccionado.
- Modo de recuperación seleccionado.
- Funcionamiento gastando o recuperando energía.
- Vehículo conectado a la estación de carga.
- Cálculo de los kilómetros de autonomía disponible.
- Avería del sistema de alta tensión.
- Vehículo dispuesto para circular, READY

NORMAS DE SEGURIDAD PARA VEHÍCULOS ELÉCTRICOS

NORMAS DE SEGURIDAD GENERALES PARA LA MANIPULACIÓN DE VEHÍCULOS ELÉCTRICOS

Algunos de los sistemas analizados en este autodidáctico trabajan con alta tensión y pueden producir daños graves al operario si no se respetan las consignas de seguridad. Ésta es la razón por la cual vamos a analizar los riesgos eléctricos y explicar las medidas de seguridad y protección para evitar daños a las personas y al propio vehículo.
Es importante estudiarlas y respetarlas antes de manipular circuitos de alta tensión.

LOS PELIGROS DE LA ELECTRICIDAD

Hasta hace poco tiempo, en los vehículos se disponía de una tensión máxima de batería de 24 voltios, este valor de tensión continua no encierra ningún peligro para las personas.
El circuito de alta tensión disponible en las bobinas de encendido y en las bujías puede alcanzar miles de voltios, pero al trabajar con intensidades muy reducidas, los efectos del paso eléctrico por el cuerpo humano no suelen ser muy graves.
Pero actualmente, los vehículos híbridos y eléctricos trabajan con tensiones continuas proporcionadas por baterías de alta tensión que pueden superar los 400-600 voltios.
Los motores eléctricos utilizados suelen trabajar con corriente trifásica alterna de hasta 650 voltios. Estos valores de tensión, pueden ser muy peligrosos para el operario que manipule estos sistemas sin tener formación adecuada o sin utilizar las medidas de precaución y seguridad pertinentes.
La energía eléctrica es limpia y precisamente esta ventaja implica un inconveniente para protegernos de sus peligros. La electricidad no se ve, ni se oye, ni se huele. Es necesario conocer el funcionamiento de la corriente eléctrica y utilizar los medios adecuados para protegernos, ya que utilizando adecuadamente los sistemas de seguridad, los accidentes eléctricos pueden reducirse considerablemente.
Gracias a la formación y a la utilización de medios de protección, los accidentes eléctricos son poco frecuentes, pero presentan una elevada gravedad sobre todo en el caso de que la corriente eléctrica afecte a órganos vitales como los pulmones, el hígado o el corazón, con el riesgo de electrocución.

TÉCNICOS DE ALTA TENSIÓN

- Sólo los operarios con Certificación Técnico de Alto voltaje (HVT), están autorizados a establecer el estado sin tensión en un vehículo de alto voltaje, proteger frente a la reconexión y realizar las mediciones para verificar el estado sin tensión.
- En todos los trabajos en el sistema de alta tensión y en todas las reparaciones de la carrocería, un técnico de sistemas de alto voltaje tendrá que establecer previamente el estado sin tensión.
- Para impedir la reconexión del sistema, el técnico de sistemas de alto voltaje tiene que guardar la llave del vehículo, el conector de servicio y/o el conector de la línea piloto en un lugar seguro.
- Debe indicar mediante un letrero de advertencia, el estado sin tensión del vehículo.
- El técnico de sistemas de alto voltaje debe balizar la zona de trabajo para impedir que personas no autorizadas accedan a los vehículos con sistemas de alto voltaje que estén en proceso de reparación.
- Las personas con sistemas de asistencia vital, no pueden realizar trabajos de ningún tipo en vehículos con sistemas de alto voltaje. Es decir, las personas que dispongan de bombas internas de remedios paliativos, desfibriladores implantados, marcapasos, bombas de insulina y aparatos auditivos (audífonos), no deben trabajar bajo ningún concepto en vehículos con sistemas de alto voltaje.

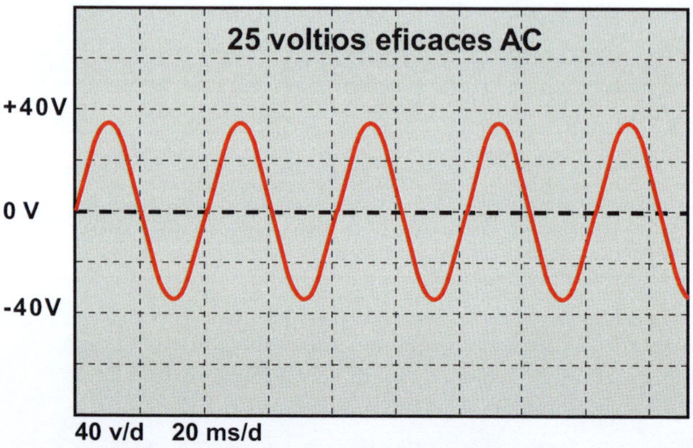

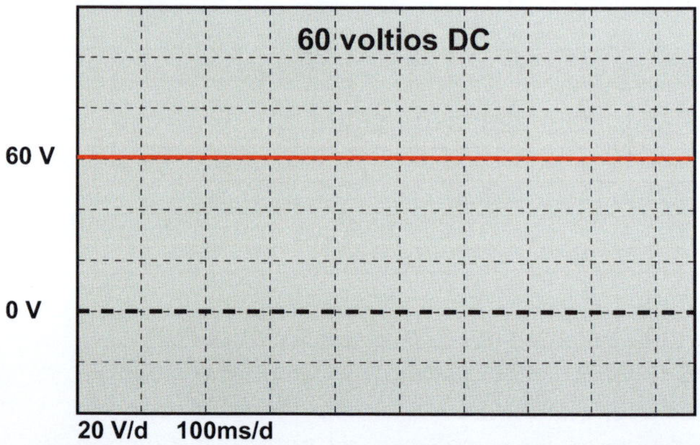

Se consideran tensiones peligrosas las que superan los 25 V AC y los 60 V DC. 25 voltios AC eficaces corresponden a 70,5 voltios de pico a pico. (25 x 2,82 = 70,5).

PELIGROS DEL RECORRIDO DE LA CORRIENTE POR EL CUERPO HUMANO

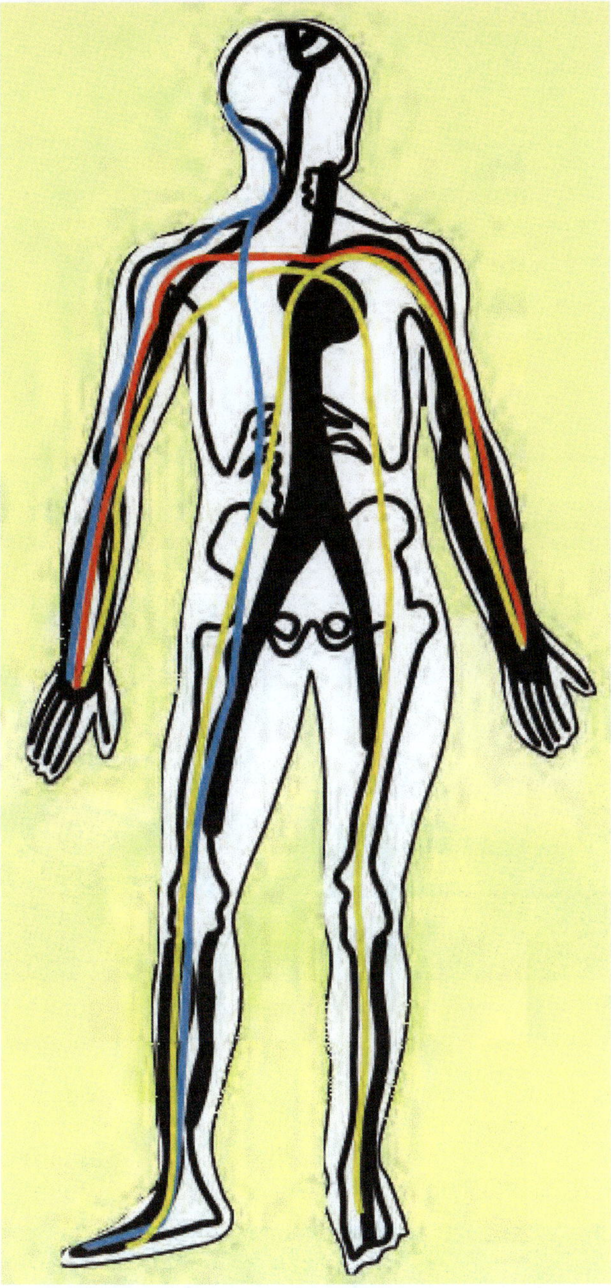

RECORRIDOS MÁS PELIGROSOS

La gravedad de un accidente eléctrico en el que la corriente pase a través del cuerpo humano, dependerá en gran medida del recorrido que efectúe la corriente y de que en su paso circule por alguno de los órganos vitales como cerebro, pulmón, corazón, hígado, etc. Los recorridos más peligrosos son:

- Mano derecha o izquierda a pie izquierdo o derecho.
- Mano a mano pasando por el pecho.
- Cabeza a mano o a pie.

INTENSIDAD DE LA CORRIENTE

Es el factor que más incide en la gravedad de los efectos y lesiones ocasionados por el contacto eléctrico. Recordemos que la intensidad es la cantidad de corriente que circula por un punto en la unidad de tiempo. Es decir que cuanta más corriente circule, mayor será el daño ocasionado en el accidente eléctrico. En la páginas siguientes, se explican con más detalle los valores de intensidad que pasan por el organismo y los efectos fisiológicos directos que ocasionan en el cuerpo humano.

TIEMPO QUE DURA EL CONTACTO ELÉCTRICO

Unido a la intensidad, el tiempo es el factor que más influye en la gravedad del accidente eléctrico. A mayor duración del contacto, mayores efectos nocivos para el cuerpo. También en las páginas siguientes, se explican los efectos que produce en el cuerpo humano el tiempo de exposición a la corriente eléctrica.

RESISTENCIA DEL CUERPO HUMANO

Su influencia en el resultado del accidente depende de diversos factores:

- Humedad de la piel
- Superficie de contacto
- Presión de contacto
- Dureza de la epidermis

En general, podemos afirmar que a mayor resistencia de nuestro cuerpo al paso de la corriente, menor será la gravedad del accidente. Por ejemplo un cuerpo húmedo o mojado tiene menos resistencia que un cuerpo seco. La dureza de la epidermis también afecta a la resistencia, a mayor dureza mayor resistencia y por tanto menos paso de corriente. La resistencia al paso de la corriente, disminuye en función del aumento de la superficie y presión de contacto.

TENSIÓN APLICADA

La tensión por si sola no es peligrosa, pero si se aplica a una resistencia baja, aumenta la intensidad de corriente que pasa por nuestro cuerpo y por tanto, el aumento de tensión aumenta la gravedad de la lesión.

FRECUENCIA DE LA CORRIENTE

Para uso doméstico e industrial, se utiliza normalmente corriente alterna de baja frecuencia (50 Hz). Conforme aumenta la frecuencia disminuye el riesgo de fribrilación venticular pero prevalecen los efectos térmicos. Los efectos de la corriente alterna de alta frecuencia (4.000 - 5.000 Hz) no son tan dañinos como los de baja frecuencia debido a la aparición del "efecto peculiar" que hace que la corriente circule por la piel sin penetrar en el cuerpo. Este efecto peculiar es muy útil en corrientes de frecuencia superior a 100.000 Hz que se utilizan en medicina para, por ejemplo, los bisturíes eléctricos.

EFECTOS DE LA CORRIENTE

Las consecuencias del paso de la corriente por el cuerpo puede ocasionar desde lesiones físicas secundarias como caídas a nivel o de diferente altura, golpes contra objetos, proyección de objetos, etc. hasta muerte por fibrilación ventricular.

ELECTRIZACIÓN

Una persona se electriza cuando la corriente eléctrica circula por su cuerpo, es decir, la persona forma parte del circuito y se distingue al menos un punto de entrada y otro de salida de la corriente. **La electrocución** se produce cuando la persona fallece debido al paso de corriente por su cuerpo.

FIBRILACIÓN VENTRICULAR

Consiste en el movimiento anárquico del corazón, el cual deja de enviar sangre a los diferentes órganos. Aunque está en movimiento, no tiene un ritmo normal de funcionamiento.

TETANIZACIÓN

Es el movimiento incontrolado de los músculos como consecuencia del paso de la energía eléctrica. En función del recorrido de la corriente, perderemos el control de manos, brazos, piernas, músculos pectorales, etc.

ASFIXIA

Se produce cuando el paso de la corriente afecta al sistema nervioso que controla el sistema respiratorio y se produce un paro respiratorio.

Hay otros factores fisiopatológicos tales como contracciones musculares, dificultades de la respiración, aumento de la presión sanguínea, parada temporal del corazón, etc. que pueden producirse sin fibrilación ventricular. Estos efectos no son mortales, normalmente son reversibles pero a veces producen marcas por el paso de la corriente. Las quemaduras profundas pueden llegar a ser mortales.

PELIGROSIDAD ELÉCTRICA

El paso de corriente por el cuerpo humano puede producir:

EFECTO DE CHOQUE

Reacción de choque por debajo del umbral de liberación, con el consiguiente riesgo de sufrir lesiones por movimientos descontrolados y trastornos del equilibrio.

EFECTO TÉRMICO

Produce quemaduras y carbonizaciones en los puntos de entrada y salida de la corriente y también puede producir quemaduras internas. Este efecto puede producir una sobrecarga de los riñones que en el peor de los casos ocasiona la muerte.

EFECTO QUÍMICO

En el cuerpo humano, la sangre y los líquidos existentes en las células son electrolíticos y se disgregan electrolíticamente. El paso de la corriente continua de alta tensión por el cuerpo, produce la electrólisis de la sangre y de los líquidos ocasionando una intoxicación muy grave. Este efecto no se nota hasta pasados unos días, por lo que resulta muy peligroso. En caso de contacto con la corriente continua de alta tensión, hay que acudir a un centro médico aunque no se note ningún síntoma, para prevenir posibles complicaciones posteriores.

EFECTO DE ESTÍMULO MUSCULAR

Las funciones corporales y los movimientos musculares de nuestro cuerpo, son gestionados por el cerebro mediante estímulos eléctricos a través del sistema nervioso. El paso intenso de la corriente por el cuerpo contorsiona los músculos y el cerebro ya no puede influir en la musculatura.

EFECTO DE CALOR EN CORTOCIRCUITOS ESTÁTICOS

Las herramientas sometidas a un cortocircuito se pueden calentar hasta el punto de fusión del material, con el consiguiente riesgo de sufrir quemaduras.

EFECTO DE CHISPAS POR CORTOCIRCUITO

Los metales se funden instantáneamente produciendo chispas fulgurantes que pueden alcanzar los 5.000 °C. Las consecuencia pueden ser quemaduras y lesiones oculares graves.

EFECTO DE ARCO VOLTAICO AL DESEMBORNAR Y EMBORNAR CABLES DE ALTO VOLTAJE CON LA TENSIÓN APLICADA

La radiación luminosa puede lesionar los ojos y la temperatura generada, producir quemaduras graves.

PRIMEROS AUXILIOS EN ACCIDENTES ELÉCTRICOS

PERSONAS ENGANCHADAS A LA ALTA TENSIÓN

- Actuemos con calma, nuestra propia seguridad ha de ser lo primero.
- No tocar nunca directamente, bajo ningún concepto, a la persona sometida a tensión. Si no nos protegemos, nosotros también sufriremos los efectos de la alta tensión.
- Siempre que sea posible, hay que establecer rápidamente el estado sin tensión del vehículo. Procederemos a extraer el conector de servicio, puede ser el naranja que corta la batería o el verde que corta la línea piloto y la alimentación de los contactores de alta tensión. Si no hay acceso, extraer el fusible correspondiente. Para realizar esta operación es imprescindible seguir escrupulosamente las instrucciones del fabricante del vehículo. (Consultar la hoja de rescate).
- Separar a la persona de la tensión o separar el conductor eléctrico utilizando un objeto aislante de la electricidad. Lo ideal es utilizar un gancho de salvamento. Si no disponemos de gancho, utilizar una tabla, un palo de madera de escoba u otro elemento aislante.

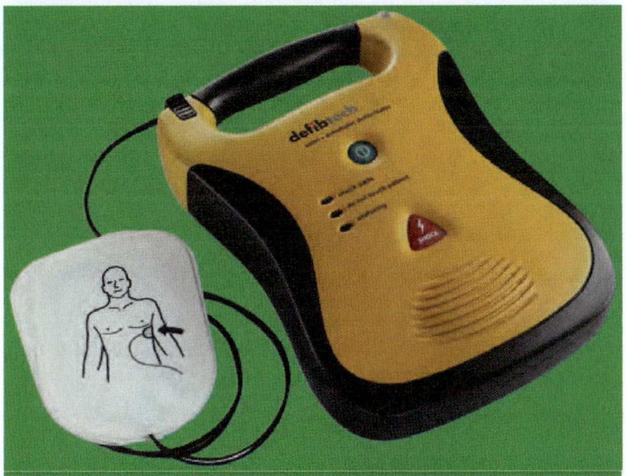

PERSONAS QUE HAN SUFRIDO UNA DESCARGA ELÉCTRICA

- Lo primero que hay que comprobar son las constantes vitales, hemos de verificar el pulso y la respiración.
- Llamar o ordenar llamar inmediatamente a los servicios de urgencia.
- Hasta la llegada e los servicios médicos hay que practicar la respiración artificial y efectuar masaje de reanimación cardiopulmonar.

Se inicia con 30 compresiones toráficas en el centro del pecho seguidas de dos insuflaciones por la vía aérea abierta (frente-mentón) y la nariz tapada. Observar que el pecho se hincha. No hay que interrumpir la reanimación cardiopulmonar hasta que la víctima inicie la respiración espontánea, te agotes o llegue la ayuda especializada.

- En caso de paro respiratorio, aplicar un desfibrilador externo automático, si disponemos de él.

SI EL ACCIDENTADO ESTÁ CONSCIENTE

- Si la víctima respira normalmente, colocarla en posición lateral de seguridad y comprobar periódicamente que sigue respirando.
- Enfriar las heridas de quemaduras que pueda tener mediante un chorro suave de agua fría, durante 10-15 minutos. Cuando cese el dolor, cubrir las heridas con gasas o un paño estéril que no suelte pelusas.
- Llamar al **112**. El accidentado tiene que ser sometido en todo caso a tratamiento médico, para evitar las consecuencias tardías. Aún en el caso de que el accidentado se niegue a ello.

ACCIDENTES CON LAS BATERÍAS

DERRAMES DE LOS CONTENIDOS DE LAS BATERÍAS

- Enjuagar con agua abundante la zona en la que los líquidos han establecido contacto con la piel.
- En caso de salpicaduras sobre los ojos, hay que enjuagar con abundante agua durante 10 minutos como mínimo, en una fuente lavaojos.
- En el caso de ingestión de los líquidos de las baterías, es necesario beber abundante agua o leche para diluir la sustancia ácida o cáustica. Las sustancias ácidas, pueden causar el mismo daño cuando se expulsan por el esófago que cuando se tragan, por esta razón hay que evitar el vómito.
- En todos los caso es imprescindible acudir a la consulta médica y explicar el caso a los servicios sanitarios.

GASES NOCIVOS DE LAS BATERÍAS

- En caso de emanación de gases nocivos, hay que alejarse de la zona. La propia seguridad es lo primero.
- El accidentado y el resto de las personas expuestas han de respirar una gran cantidad de aire fresco.
- Ventilar el recinto del accidente.
- Evitar las fuentes de ignición.
- Acudir a la consulta médica para exploración sanitaria.

LOS 5 PUNTOS DE UNA LLAMADA DE EMERGENCIA

1.- DÓNDE
Indicar claramente el lugar dónde se ha producido el accidente (población, calle, número de casa, departamento de la empresa, etc.)

2.- QUÉ
Dar una descripción completa de la emergencia para que la central coordinadora de emergencias pueda deducir las medidas necesarias a tomar y los medios que ha de movilizar. Explicar de que se trata: incendio, explosión, emanación de gases, desprendimientos, caída de objetos, etc.

3.- NÚMERO DE HERIDOS
Comunicar cuantas personas están afectadas.

4.- TIPO DE HERIDAS
Indicar primero las lesiones que parezcan más graves, las que puedan ocasionar peligro de muerte. Especificando si son: cortes, hemorragias, quemaduras, daños eléctricos, pérdidas de conciencia, etc.

5.- ESPERAR PREGUNTAS, NO COLGAR
La llamada debe finalizarla la central coordinadora, una vez haya tomado todos los datos necesarios.

PERFILES Y RESPONSABILIDAD DE LOS TÉCNICOS DE ALTA TENSIÓN

Cortesía de Volkswagen. © Volkswagen

Para manipular, reparar y efectuar operaciones de mantenimiento en los vehículos eléctricos, los operarios han de estar correctamente instruidos. En función de la formación recibida y de su capacitación, podrán efectuar unos trabajos u otros.

PERSONA INSTRUIDA EN ELECTROTÉCNIA (EUP)

Todos los empleados que trabajen en vehículos eléctricos con alta tensión deben tener una formación mínima como EUP

Formación necesaria.

- Instrucción por parte del técnico de alto voltaje (HVT).
- Formación impartida por el fabricante o importador de los vehículos.

Competencias del técnico EUP

- Están autorizados a realizar trabajos de tipo general y de mantenimiento (alumbrado, frenos, neumáticos, revisión de niveles, suspensión, dirección, etc.).
- Pueden realizar trabajos en el sistema de alto voltaje, cuando el vehículo está sin tensión y bajo la supervisión de un técnico en alto voltaje HVT. (Desmontaje y montaje de elementos de alta tensión que han sido desconectados previamente por el HVT).

TÉCNICO DE ALTO VOLTAJE (HVT)

Los talleres donde re reparen o se efectúen trabajos de mantenimiento de los vehículos eléctricos con sistemas de alto voltaje, han de disponer como mínimo de un Técnico de Alta Tensión cualificado.

Formación necesaria

- Formación de tecnología de alta tensión.
- Formación específica de la marca de vehículos a reparar.
- Dispone de certificación de Técnico de Alto Voltaje HVT.

Competencias del técnico HVT

- Establecer el estado sin tensión, proteger contra la reconexión y volver a establecer la alta tensión.
- Formar a los demás empleados como técnicos EUP y dirigir los trabajos con el sistema de alta tensión desactivado.
- Apoyar al Experto en Alto Voltaje HVE según sus instrucciones.

Competencias del técnico HVT con formación avanzada y específica

- Localización de averías en el sistema de alto voltaje con el vehículo en estado sin tensión.
- Sustitución y reparación de componentes y cableado del sistema de alto voltaje en ausencia de tensión. Excepto reparación y sustitución de baterías de alta tensión.

EXPERTO EN ALTO VOLTAJE (HVE)

Es una persona experta del fabricante o importador capacitado para la manipulación de baterías de alta tensión.

Formación necesaria

- Certificación HVT
- Formación específica en reparación de baterías.

PERFILES Y RESPONSABILIDAD DE LOS TÉCNICOS DE ALTA TENSIÓN

Competencias del experto en alto voltaje (HVE)

- Está autorizado para desconectar y proteger el sistema de alto voltaje en los casos en que no ha sido posible el establecimiento del estado sin tensión por parte del técnico HVT.
- Solicitar apoyo del técnico de alto voltaje para determinadas tareas.
- Reparar baterías de alto voltaje, desmontar y embalar baterías de alto voltaje en estado crítico para enviarlas a fábrica o al centro de tratamiento y reciclaje.

Si no posee ninguna de estas cualificaciones, no debe realizar ningún trabajo en vehículos eléctricos.

SEÑALIZACIÓN DE ADVERTENCIA Y SEGURIDAD

Para evitar en la medida de lo posible, los accidentes por contacto con la alta tensión del usuario, el personal de servicio y del taller, así como de los equipos de intervención rápida para los rescates técnicos y médicos, se colocan en los vehículos eléctricos numerosos adhesivos de advertencia e información situados en los puntos de peligro.

ADHESIVOS DE ADVERTENCIA AMARILLOS

Son adhesivos con el símbolo de advertencia relativa a la tensión eléctrica. Se colocan en las piezas que llevan alto voltaje o bien en los componentes que están cerca u ocultos bajo cubiertas o tapas.

ADHESIVOS DE ADVERTENCIA CON LA ROTULACIÓN "DANGER", PELIGRO SOBRE FONDO ROJO, ADHESIVO DE ADVERTENCIA ESPECIAL DE LAS BATERÍAS DE AT

EQUIPOS DE PROTECCIÓN INDIVIDUAL (EPIs)

Los medios de protección personal no eximen en ningún caso de la obligación de emplear los medios preventivos de carácter general.
Los EPI's contra riesgo eléctrico están incluidos dentro de la categoría 3 y es obligatorio que lleven marcado **CE más un código de 4 dígitos** que indica el número del organismo notificado que realiza el control del producto final.
El trabajador debe comprobar el correcto estado del material de protección antes de cada uso. Independientemente es necesario que el material de seguridad sea inspeccionado periódicamente por personas que conozcan las condiciones que deben reunir los diferentes equipos.

ROPA DE TRABAJO

La ropa de trabajo para electricistas debe ser incombustible. Para trabajar en instalaciones de baja o alta tensión la ropa de trabajo ha de ser adecuada a la instalación. Es recomendable la ropa de algodón o fibras artificiales resistentes al fuego. No es aconsejable la ropa de tipo acrílico.
Está terminantemente prohibido el uso de colgantes, pulseras, anillos, cadenas o cualquier elemento metálico por el riesgo de contacto eléctrico accidental que encierran.

CALZADO

Los trabajadores que realicen verificaciones y reparaciones eléctricas, deben utilizar calzado aislante sin ningún elemento metálico.
El calzado para electricistas deberá tener plantilla aislante. Si existe riesgo de caída de objetos en los pies, deberá incorporar puntera de protección de material adecuado.

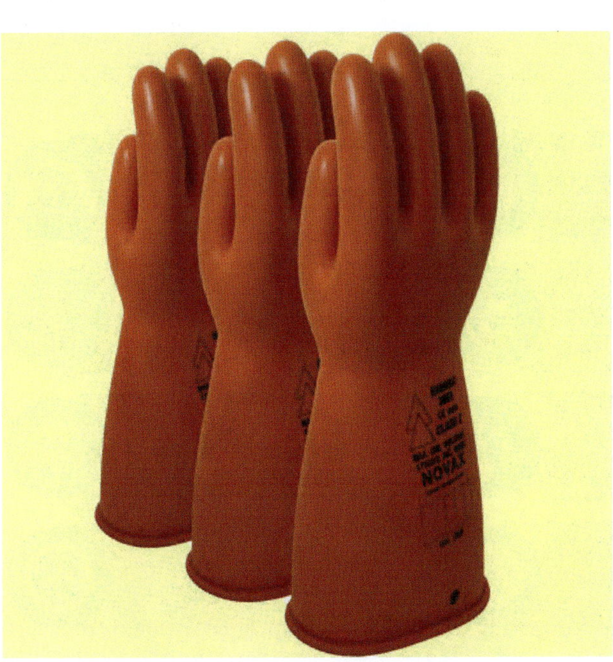

PROTECCIÓN DE LA VISTA

Hay que seleccionar los medios de protección ocular en función de los siguientes riesgos:
- Choque o impacto con partículas o elementos sólidos.
- Proyección o salpicadura de metales fundidos.
- Radiaciones ultravioletas.

El arco eléctrico produce radiaciones ultravioletas, infrarrojas y visibles.
Por ello es necesario el uso de gafas o pantallas inactílicas sin pérdida de visión, con el objeto de absorber radiaciones y proteger los ojos contra las posibles proyecciones de partículas metálicas que al fundirse se proyectan peligrosamente.
También pueden utilizarse cascos aislantes con pantallas incorporadas, que adicionalmente nos protegen la cabeza.

GUANTES AISLANTES

Para maniobras con tensión es obligatorio emplear guantes aislantes. Existen seis clases de guantes y manoplas en función de sus características eléctricas, que ofrecen protección desde los 500 a los 36.000 voltios. Para el automóvil eléctrico es suficiente la utilización de guantes que soporten 1.000 voltios.
Los guantes aislantes deben ser verificados antes de cada uso para detectar posibles defectos o pequeños orificios por los que puede pasar la electricidad.
Después de su uso hay que guardarlos en su caja o bolsa para mantenerlos protegidos.
Es aconsejable utilizar debajo de los guantes aislantes otros de material inífugo. Para facilitar su introducción en la mano, podemos espolvorearlos con polvos de talco.

HERRAMIENTAS AISLADAS Y AISLANTES

HERRAMIENTAS AISLADAS

Son herramientas metálicas recubiertas de material aislante por la parte del mango, que permiten trabajar con tensión y proteger al operario. Aparte de utilizar este tipo de herramientas, es necesario ponerse guantes aislantes y siempre que sea posible, trabajar sin tensión.

HERRAMIENTAS AISLANTES

Son herramientas construidas con material aislante, excepto en la cabeza de trabajo que puede ser de material conductor.

Este tipo de herramientas son más eficaces que las aisladas. No obstante siempre utilizaremos la misma regla de utilización de guantes aislantes y siempre que sea posible, trabajar sin tensión.

El nivel de aislamiento mínimo exigible para trabajar en vehículos eléctricos ha de ser que soporten tensiones de 1.000 voltios.

Es imprescindible y muy importante verificar el estado de las herramientas antes de iniciar el trabajo. Hay que sustituir la herramienta si presenta el mínimo defecto de aislamiento.

ALFOMBRAS, ESTERILLAS Y BANQUETAS AISLANTES

Son elementos fabricados en caucho, gomas o materiales aislantes especiales.

Su utilidad reside en aumentar la resistencia de paso a tierra, aislan con respecto a tierra, contribuyendo a neutralizar el riesgo en origen.

En los automóviles, la toma de tierra la constituye la carrocería del vehículo mediante las trenzas de masa.

No manipular nunca sobre un vehículo eléctrico sin los equipos de protección adecuados o sin la formación específica.
¡PELIGRO DE MUERTE!

LAS CINCO REGLAS DE ORO

¡CUMPLE SIEMPRE!

CON LAS CINCO REGLAS DE ORO PARA TRABAJAR SIN TENSIÓN

EQUIPO NECESARIO

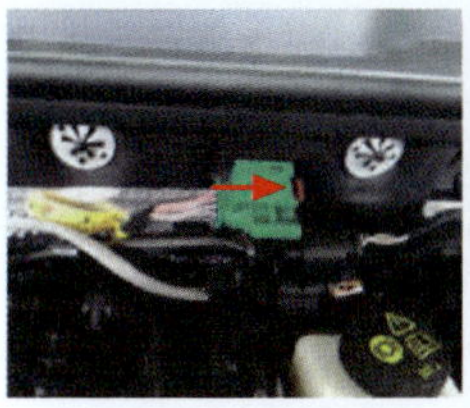

1. Desconectar

2. Prevenir cualquier posible realimentación

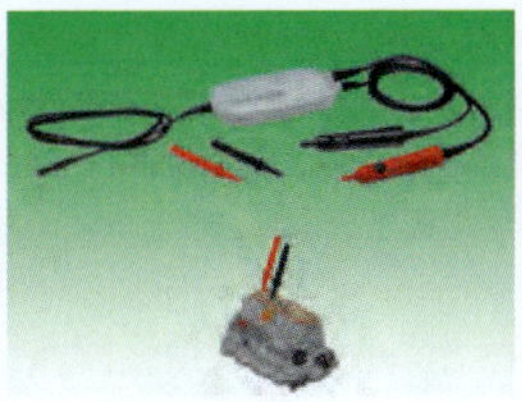

3. Verificar la ausencia de tensión

4. Poner a tierra y en cortocircuito

5. Impedir el acceso a elementos en tensión y señalizar la zona

PRIMERA REGLA DE ORO: DESCONECTAR EL CIRCUITO ELÉCTRICO DE ALTA TENSIÓN

- Hay que realizar un proceso de desconexión de la alta tensión del vehículo sin que ello suponga ningún peligro para los operarios.
- Se trata de un procedimiento para la separación de la alta tensión de la batería del resto del vehículo. Naturalmente en el interior de la batería sigue existiendo alta tensión, con este proceso no se descarga la batería.
- Antes de iniciar cualquier trabajo eléctrico o mecánico sobre los componentes de alta tensión, es necesario establecer el estado sin tensión del vehículo.

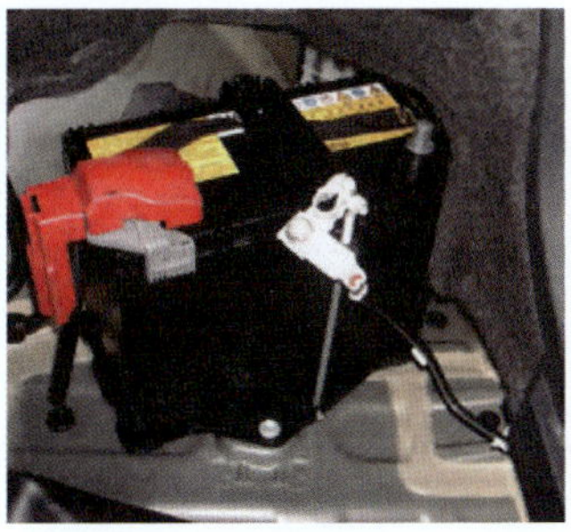

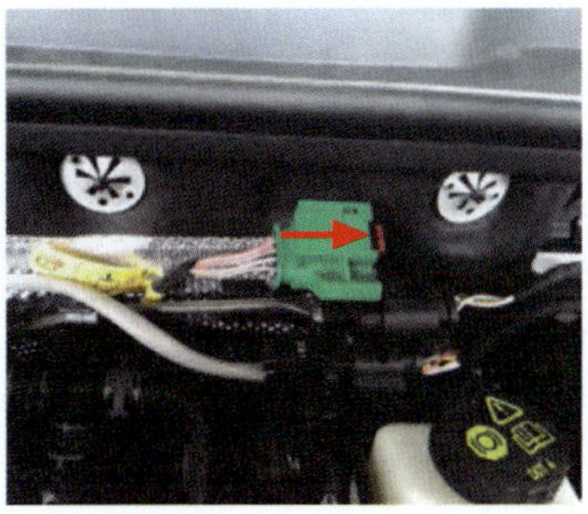

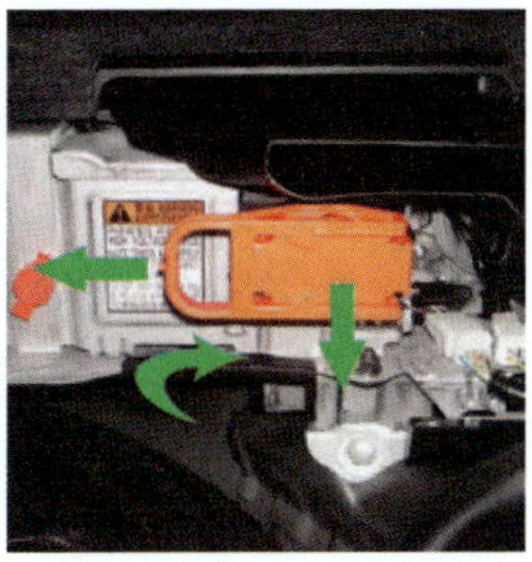

Para desconectar la alta tensión de un vehículo eléctrico, habrá que respetar siempre las instrucciones del fabricante. Como norma general, el procedimiento es como sigue:

- Acordonar el vehículo mediante un balizado adecuado y señalizar su estado.
- Desconectar el encendido, inmovilizar el vehículo y situar la llave fuera del alcance del arranque sin llave, en un lugar al que sólo tenga acceso el Técnico de Alto Voltaje (HVT).
- Desconectar el terminal negativo de la batería auxiliar de 12 voltios.
- En función del vehículo: abrir el conector de servicio de color verde que corta la línea piloto y la alimentación de los contactores de alta tensión, o sacar el conector de servicio de color naranja que corta la batería. Este trabajo hay que realizarlo con guantes aislantes. Para sacar el conector de servicio hay que estirar de la anilla, girar 90 grados para desacoplar y estirar del conector para extraerlo. En su lugar es aconsejable colocar una tapa ciega para cerrar el hueco.
- Esperar al menos 10 minutos, o el tiempo estipulado por el fabricante del vehículo, para que se descarguen los condensadores, antes de manipular en el circuito de alta tensión.

LAS CINCO REGLAS DE ORO

SEGUNDA REGLA DE ORO: PREVENIR CUALQUIER POSIBLE REALIMENTACIÓN

El objetivo de esta segunda regla de oro es impedir cierres intempestivos de seccionadores, interruptores, conectores, etc. ya sea por error humano, error técnico o motivos imprevistos.

- Los aparatos de corte se deben enclavar y bloquear en posición de apertura. Siempre que sea posible, se bloquearán los aparatos que se han desconectado en la primera regla.
- La persona responsable del trabajo en el circuito de alta tensión, pondrá a buen recaudo el conector de servicio para que nadie pueda conectarlo. Si el trabajo va a durar un tiempo prolongado, lo ideal es guardarlo en un armario bajo llave al que sólo tenga acceso el Técnico de Alta Tensión.
- Colocar una señalización junto al mecanismo de bloqueo indicando la prohibición de conectar debido a la realización de trabajos en el circuito de alta tensión. La señal deberá ser de material aislante e indicar el nombre de la persona responsable de los trabajos.

TERCERA REGLA DE ORO: VERIFICAR LA AUSENCIA DE TENSIÓN

El objetivo de esta tercera regla de oro es verificar si todavía existe tensión de servicio en la instalación y que todas las posibles fuentes de tensión han sido abiertas.

NUNCA CONFÍE EN UN CIRCUITO DE CONTROL DESACTIVADO.

Hay que verificar la ausencia de tensión en todos los elementos activos de la instalación eléctrica: las fases, incluido el neutro, o entre fases y tierra si no existe conductor de neutro.

Puntos a comprobar la ausencia de tensión:

- En el lugar donde vayamos a trabajar.
- En todos los lugares donde hayamos efectuado el corte visible o efectivo.

SECUENCIA DE LA COMPROBACIÓN

1.- Verificar el correcto funcionamiento del equipo de medición, efectuar una lectura donde estemos seguros de que existe tensión.

2.- Verificar la ausencia de tensión en todos, y cada uno de los conductores de fase y neutro de los circuitos afectados.

3.- Verificar de nuevo el equipo de medición repitiendo la prueba 1.

Existen conectores especiales para cada marca que se pueden conectar a los puntos de medición y trabajar de forma más segura.

Una vez verificada la ausencia de tensión, el Técnico de Alta Tensión, documentará el estado sin tensión del vehículo con un informe que se acompañará a la orden de reparación.

NATURALMENTE PARA VERIFICAR LA AUSENCIA DE TENSIÓN, HAY QUE UTILIZAR INSTRUMENTACIÓN QUE SOPORTE AMPLIAMENTE LA TENSIÓN DE TRABAJO, Y SIEMPRE CON GUANTES AISLANTES APROPIADOS PARA EN TRABAJO CON ALTA TENSIÓN.

LAS CINCO REGLAS DE ORO

Cortesía de Renault. © Renault

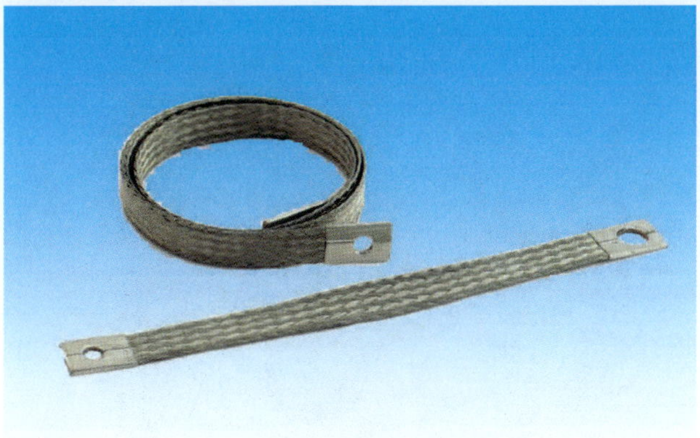

Cortesía de Renault. © Renault

CUARTA REGLA DE ORO: PONER A TIERRA Y EN CORTOCIRCUITO

El objetivo es controlar los posibles efectos derivados de la puesta en tensión de la instalación o línea eléctrica. Ejemplos:

- Por fenómenos atmosféricos del tipo rayo.
- Por inducción debida a campos electromagnéticos de fuentes próximas.
- Por contacto o rotura de una línea que incida en el lugar donde se está trabajando.
- Por retornos de otras posibles fuentes de tensión como grupos electrógenos, condensadores, etc.

Es obligatorio poner siempre a tierra las instalaciones de media y alta tensión. En baja tensión, sólo es obligatorio si por inducción u otras razones puede ponerse accidentalmente en tensión la zona de trabajo. Los ejemplos expuestos se refieren a tensión alterna en líneas industriales, en las que existe un interruptor diferencial que saltará en caso de una fuga de corriente. **En el automóvil se dispone de trenzas de masa en todos los componentes de alta tensión. En caso de producirse un fallo en el aislamiento, las trenzas permiten que el circuito de alta tensión se cierre a través de la carrocería del vehículo.**

Es imprescindible verificar la correcta colocación y apriete de las trenzas de masa antes de iniciar el trabajo en la instalación eléctrica.

QUINTA REGLA DE ORO: PROTEGER FRENTE A ELEMENTOS PRÓXIMOS EN TENSIÓN Y DELIMITAR LA ZONA DE TRABAJO

Cuando en la proximidad de la zona de trabajo existan elementos que deban permanecer en tensión, hay que adoptar una de las siguientes opciones:

- Considerarlo como trabajo en proximidad en cuyo caso habrá que realizarlo fuera de la zona de peligro, delimitando dicha zona con cintas o cadenas aislantes y colocando señales de peligro o prohibición homologadas.
- Proceder a la colocación de elementos protectores, como pantallas, aislamientos u obstáculos que permitan considerar el área de trabajo fuera de toda zona de peligro.

Las reparaciones en la instalación de alta tensión de vehículos eléctricos, deben realizarse en una zona de acceso restringido, en la que sólo se permita el acceso a personas formadas en la manipulación de estos sistemas.

PASO POSTERIOR A LAS CINCO REGLAS DE ORO: REPOSICIÓN DE LA TENSIÓN

La reposición de la tensión se efectuará una vez finalizado el trabajo y tomando las siguientes medidas:

- Retirar todos los trabajadores que no resulten indispensables.
- Recoger todas las herramientas y equipos de trabajo utilizados.

El proceso de reposición de la tensión comprenderá por orden las cinco reglas de oro a la inversa. 1.- Retirar si las hubiera, las protecciones adicionales y la señalización de la zona de trabajo. 2.- Retirar si la hubiera, la puesta a tierra y en corcocircuito. 3.- Desbloquear y retirar la señalización de los dispositivos de corte. 4.- Cerrar los circuitos y desbloquear los aparatos que hayamos desconectado. 5.- Reponer la tensión.

MEDIDAS DE PROTECCIÓN

CABLEADO DE ALTA TENSIÓN DE LOS VEHÍCULOS ELÉCTRICOS

Los cables de alto voltaje de todos los vehículos eléctricos son de color naranja en todas las marcas. Debido a las altas tensiones e intensidades de trabajo que han de soportar, poseen una sección transversal mayor, un aislamiento de gran calidad y unos contactos de enchufe especiales. También referente a su estructura interna, los cables de alto voltaje son diferentes de los que se utilizan para la red de abordo de 12 voltios. Adicionalmente pueden ir dotados de un tubo ondulado de material plástico que los proteje contra el rozamiento. En el sistema de alto voltaje se utilizan tres tipos de cable diferente: de un polo, de dos polos con línea piloto y de dos polos sin línea piloto.

En todos los casos, el positivo y el negativo de alta tensión se realizan por cables separados para todos los componentes de la alta tensión. En ningún caso, se utiliza la carrocería para la masa.

CABLE DE ALTO VOLTAJE DE UN POLO

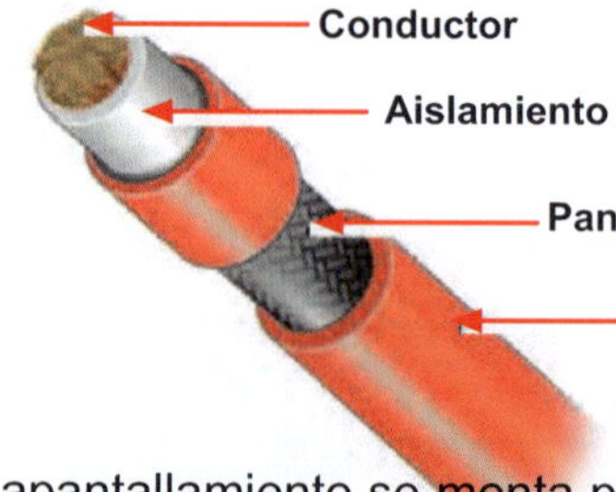

CABLE DE ALTO VOLTAJE DE DOS POLOS

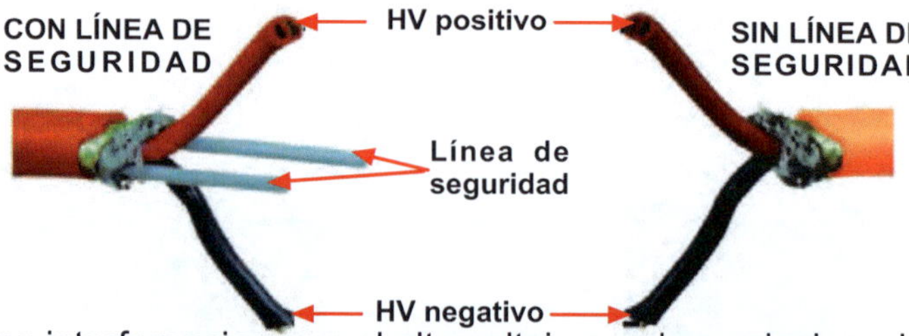

Cortesía de Audi. © Audi

El apantallamiento se monta para paliar las posibles interferencias que el alto voltaje pueda producir en los componentes colindantes a la instalación de alta tensión. La pantalla se conecta a la carcasa de los conectores.

TERMINAL DE ALTO VOLTAJE DE UN POLO

TERMINAL DE ALTO VOLTAJE DE DOS POLOS

Cortesía de Audi. © Audi

Para los motores de propulsión trifásicos, es normal utilizar terminales atornillados. Para los demás elementos: compresor, calefacción, cargador de batería, etc. se pueden utilizar conectores especiales para alta tensión

TERMINALES CODIFICADOS MECÁNICAMENTE Y CON PROTECCIÓN AL TACTO

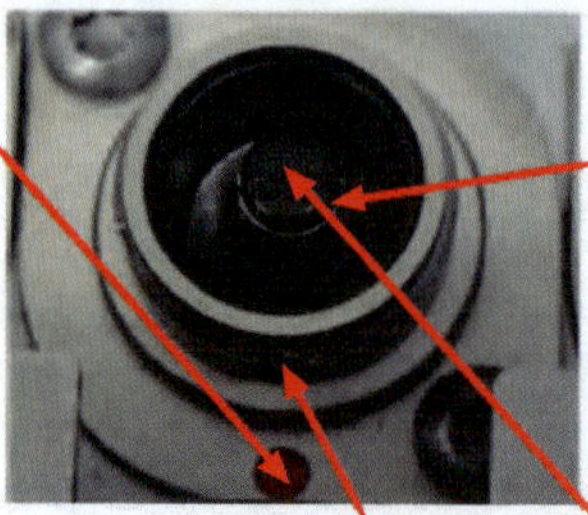

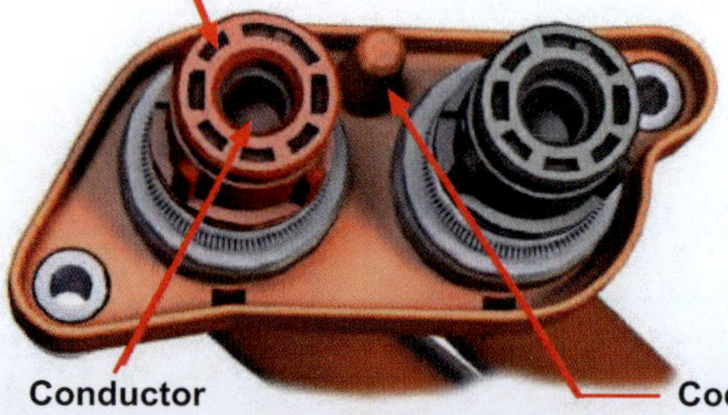

Cortesía de Audi. © Audi

MEDIDAS DE PROTECCIÓN

CABLEADO DE ALTA TENSIÓN DE LOS VEHÍCULOS ELÉCTRICOS

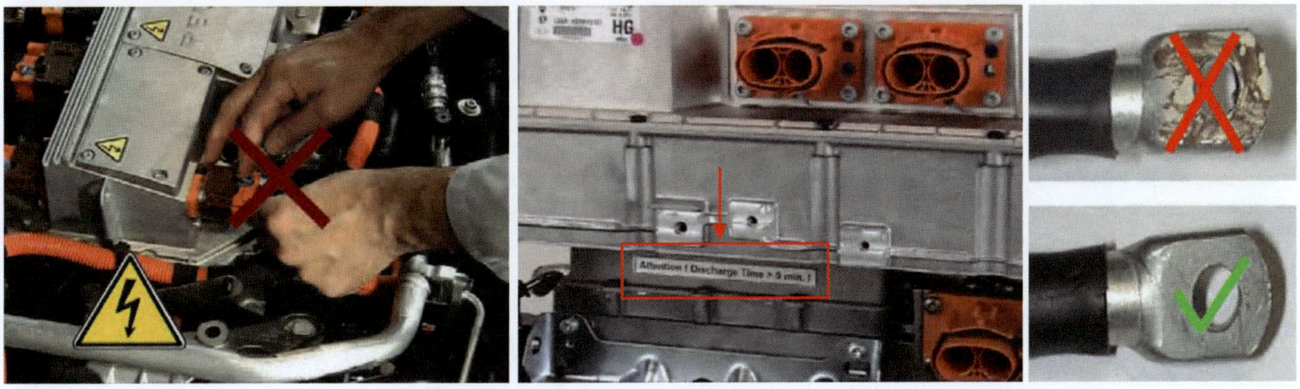

Cortesía de Renault. © Renault

Sólo los Técnicos de Alto Voltaje están autorizados a conectar o desconectar los cables de alta tensión. Estos cables sólo se pueden manipular después de haber establecido el estado sin tensión del vehículo y haber comprobado la ausencia de tensión. Hay que respetar el tiempo de espera estipulado por el fabricante y en ningún caso se pueden efectuar reparaciones del cableado eléctrico de alta tensión o de sus terminales, hay que sustituir los elementos dañados por otros nuevos.

TENDIDO BÁSICO DE ALTA TENSIÓN DE UN VEHÍCULO ELÉCTRICO

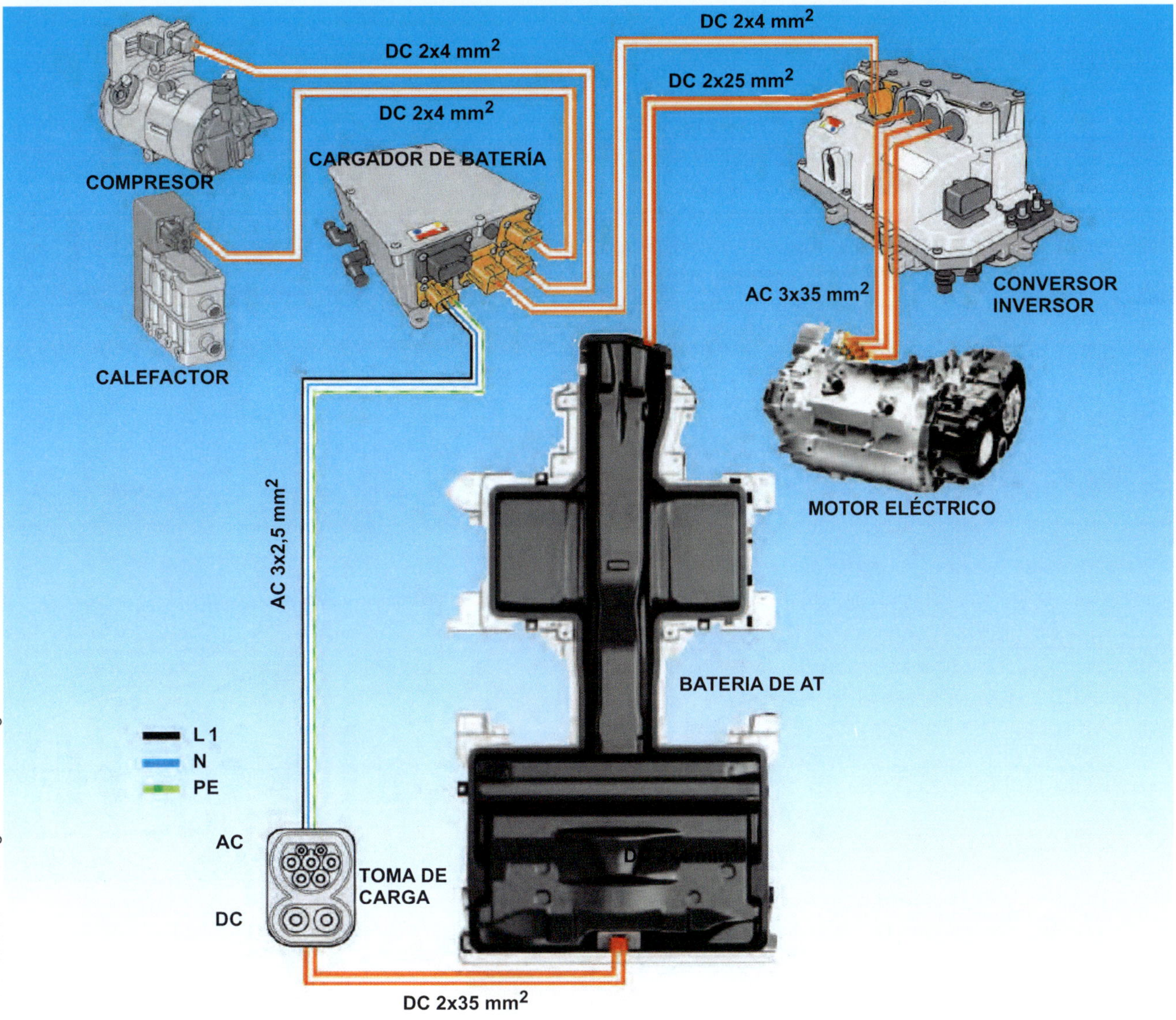

Cortesía de Volkswagen. © Volkswagen

MEDIDAS DE PROTECCIÓN

LÍNEA PILOTO O LÍNEA DE SEGURIDAD

En ningún momento y bajo ningún concepto, se deben desacoplar los conectores de alta tensión sin haber establecido el estado sin tensión del vehículo. Al desconectar se puede producir un arco voltaico de elevada intensidad, con el consiguiente peligro.

No obstante y en previsión de desconexión por accidente o negligencia, existe una línea de seguridad consistente en un cable en forma de anillo, que pasa por todos los componentes de alta tensión.

- Los conectores de alto voltaje no se pueden extraer sin interrumpir previamente la línea piloto.
- La interrupción de la línea piloto ocasiona una desconexión automática del sistema de alto voltaje.
- Cuando la BMS detecta la interrupción de la línea piloto, abre los contactores de alto voltaje.

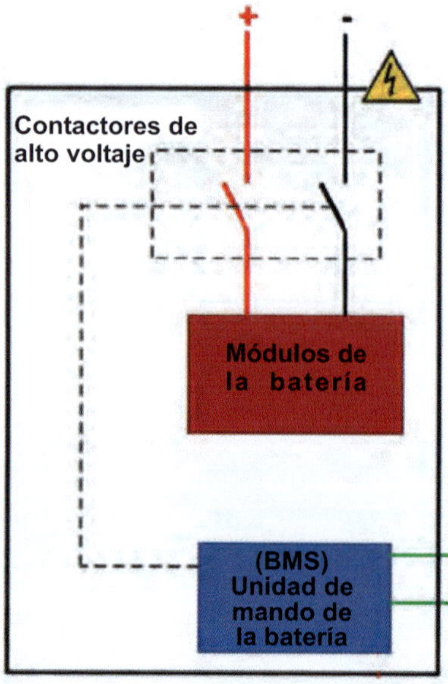

YouTube

PROCESO DE DESCONEXIÓN SEGURA DE UN VEHÍCULO ELÉCTRICO

https://www.youtube.com/watch?v=Q-0wjc5wUso

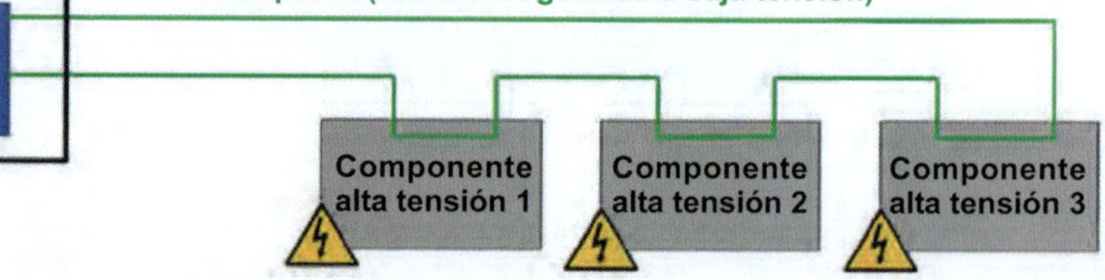

EL CONECTOR DE MANTENIMIENTO PERMITE DESCONECTAR LA ALTA TENSIÓN

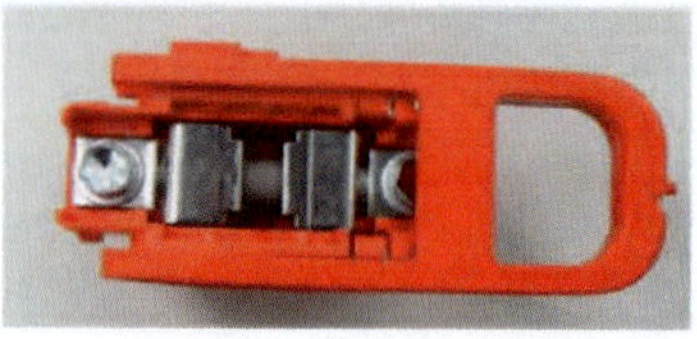

De color naranja que integra un fusible de alta tensión

Ubicado en el maletero o en la propia batería

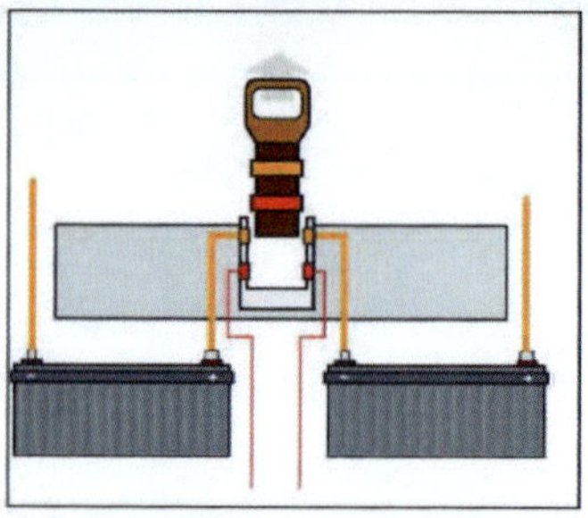

Separa la alta tensión y la línea piloto

De color verde

Ubicado en el vano motor

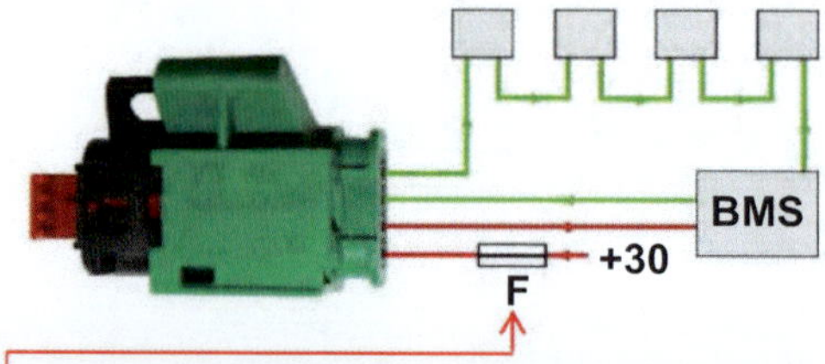

Separa el positivo de excitación de los contactores de alta tensión y la línea piloto

Fusible con una banderita para los servicios de emergencia

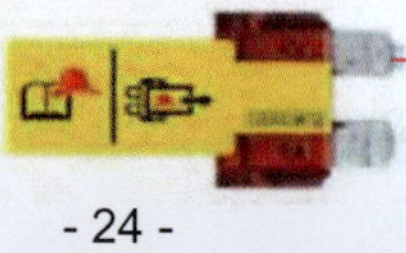

MEDIDAS DE PROTECCIÓN

SEPARACIÓN GALVÁNICA

El aislamiento galvánico consiste en la separación física de las partes funcionales de un circuito eléctrico para prevenir traspasos entre los portadores de carga. Este tipo de aislamiento se utiliza cuando se desea que se transmitan señales entre distintas partes funcionales, pero las masas tienen que mantenerse separadas. Este aislamiento entre masas se realiza por motivos de seguridad. En los vehículos, la red de 12 voltios está conectada a la carrocería, pero la de alta tensión ha de estar totalmente aislada.

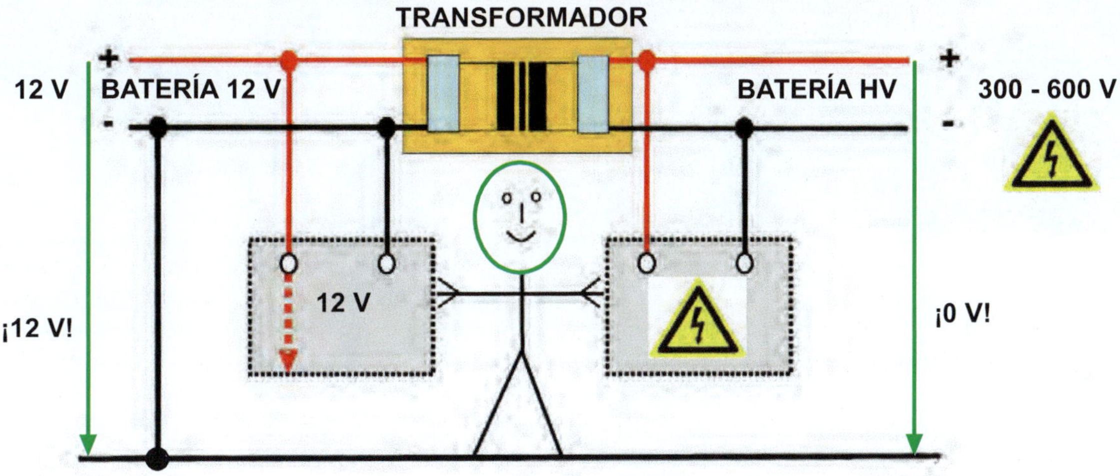

En los vehículos eléctricos se utiliza la separación galvánica en los transformadores de corriente:

- Transformador DC/DC que es utilizado para la carga de la batería de 12 voltios. La corriente continua de la batería de alta tensión, comprendida entre 300 y 600 voltios según modelos, es transformada en corriente continua de 12 voltios para la alimentación de la red de a bordo del vehículo. Para la transformación se utilizan sistemas inductivos sin ningún contacto físico. El negativo de la red de 12 voltios se conecta a la carrocería del vehículo, pero la alta tensión está totalmente aislada.

- Transformador AC/DC que es utilizado para cargar la batería de alta tensión desde la red doméstica. La corriente alterna de la red eléctrica comprendida entre 110 y 230 voltios es rectificada y transformada en corriente continua de entre 300 y 600 voltios según modelos para cargar la batería de alta tensión. En este caso, la transformación también es inductiva sin contacto físico entre la alterna de la red y la continua de la batería de alta tensión. Naturalmente estas tensiones están totalmente aisladas entre sí y respecto a la carrocería del vehículo.

DESCONEXIÓN POR AIRBAG

En el caso de colisión con activación de los airbags se inicia un proceso de desconexión de la alta tensión del vehículo.

La Unidad de Control del Airbag envía la señal de colisión a la Unidad de Mando de la batería (BMS) y al CAN-BUS. Al recibir esta señal, la BMS desactiva los contactores de la batería de alta tensión y se corta la red de alto voltaje.

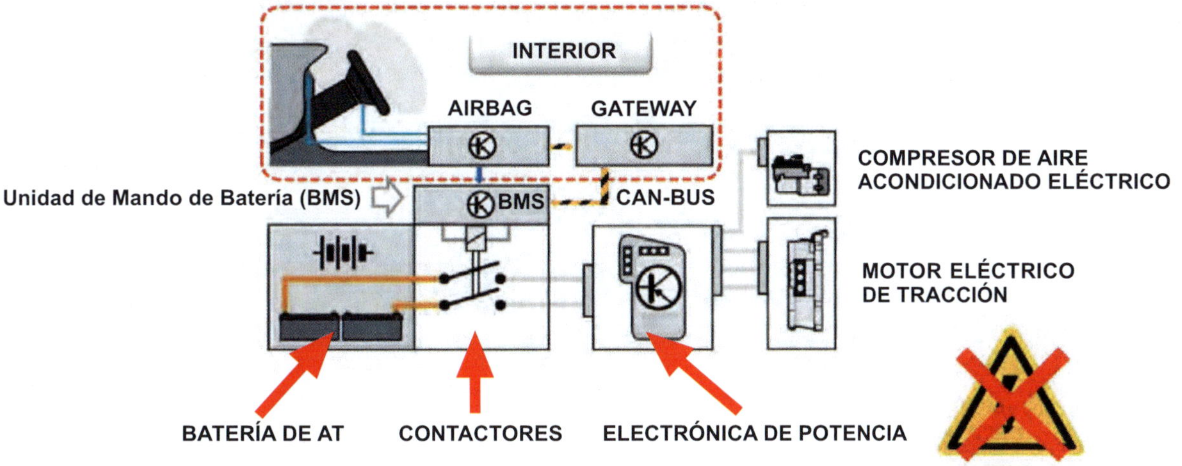

MEDIDAS DE PROTECCIÓN

CABLES DE COMPENSACIÓN DE POTENCIAL

Como medida de protección ante descargas eléctricas, las carcasa de los elementos que trabajan con alta tensión (batería, conversor, motor, compresor, calefactor, cargador, etc.) están conectados mediante trenzas de masa con la carrocería del vehículo.
De esta manera, en caso de cortocircuito o fallo de aislamiento en la red de alta tensión, se fundirá el fusible principal y quedará desconectada la alta tensión.

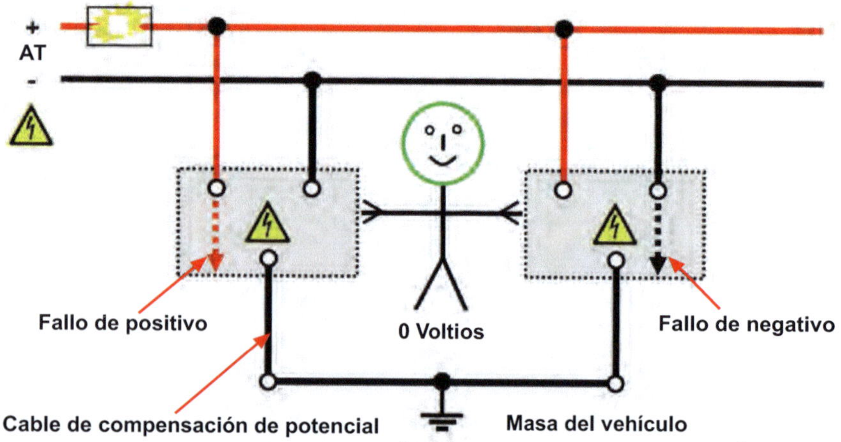

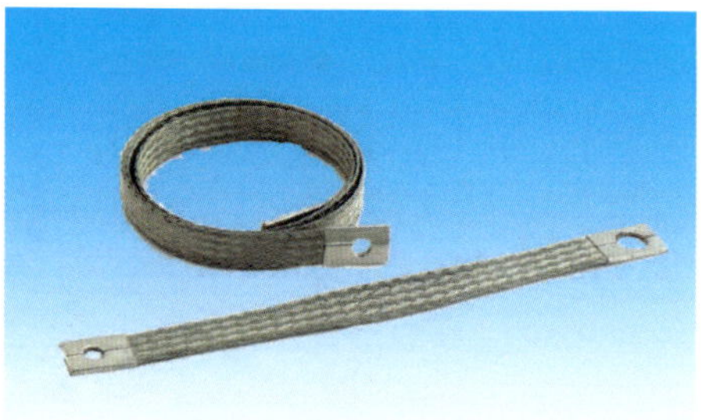

SISTEMA DE ALTA TENSIÓN SIN COMPENSACIÓN DE POTENCIAL

Si no existen las trenzas de masa, están dañadas o mal apretadas, en el caso de fallos de aislamiento, se puede producir una descarga eléctrica sobre la persona que toque cualquier carcasa de un componente de alta tensión.
Es muy importante verificar el estado y el apriete de las trenzas de masa. Para realizar este trabajo es necesario utilizar siempre guantes aislantes y pantalla protectora. Ante cualquier defecto, es necesario sustituir el cable por otro nuevo. No está permitida la reparación de ningún cableado ni conector de alta tensión.
Aparte de las comprobaciones del estado mecánico de los cables equipotenciales, hay que verificar con un miliόhmetro el valor de resistencia, que no ha de ser superior a 0,1 ohmio.

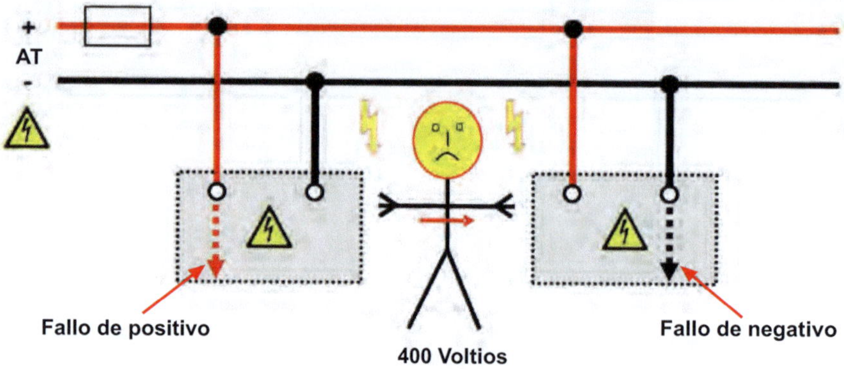

MEDIDA AUTOMÁTICA DE NIVEL DE AISLAMIENTO

La BMS realiza automáticamente pruebas de nivel de aislamiento en la red de alta tensión. Cuando se detecta una resistencia inferior a 80 KΩ, se avisa al conductor con un chivato naranja. Si el nivel de aislamiento es inferior a 40 KΩ, se avisa con un testigo rojo y no se debe cargar la batería. Hay peligro para el usuario. **Cuando la BMS detecta un defecto grave de aislamiento, desconecta la línea de alta tensión e impide la puesta en marcha del vehículo. En este caso hay que comprobar y reparar la derivación.**

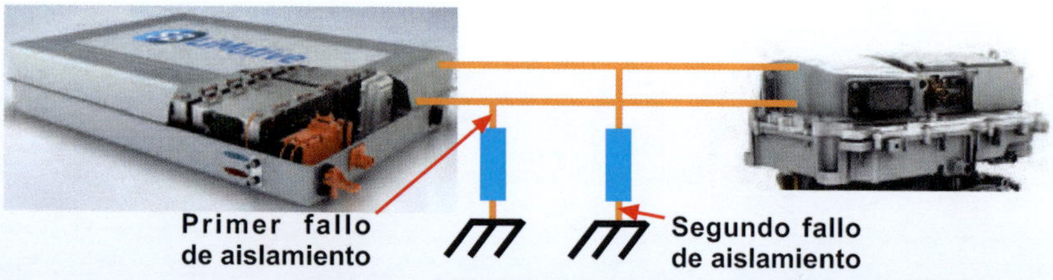

MEDIDAS DE PROTECCIÓN

INSTRUMENTAL NECESARIO PARA VERIFICAR EL CIRCUITO DE ALTA TENSIÓN

Los multímetros necesarios para verificaciones en vehículos eléctricos, han de ser como mínimo de categoría III para tensiones de hasta 600 voltios.

MILIÓHMETRO

Es necesario para verificar la resistencia de los cables de nivelación de potencial. Son ohmímetros capaces de medir valores de resistencia muy bajos, del orden de milésimas de ohmio.

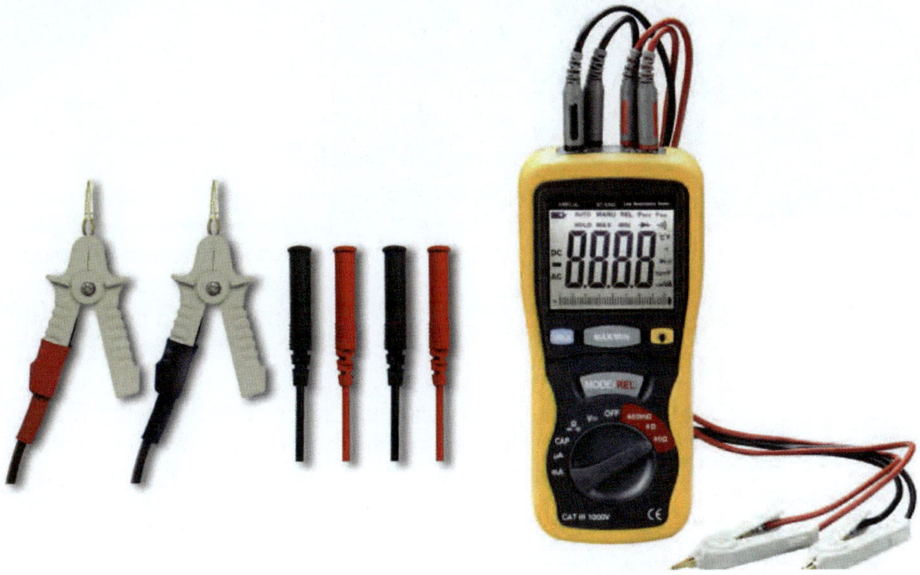

MÉTODO KELVIN DE LECTURA DE RESISTENCIA

El método de medición a cuatro puntas, denominado método Kelvin, es una técnica de medición de impedancia eléctrica consistente en utilizar un voltímetro y un amperímetro para lograr mediciones de resistencia más precisas que con el método tradicional de dos puntas.
El método de medición a cuatro puntas es el más adecuado para medir resistencias de muy bajo valor óhmico. Con este método se eliminan de la lectura resultante, los valores de resistencia de los cables de medición y las resistencias de contacto de las puntas de medida del polímetro.
Los milióhmetros utilizan esta técnica de medida para conseguir precisiones en la lectura de milésimas de ohmio.

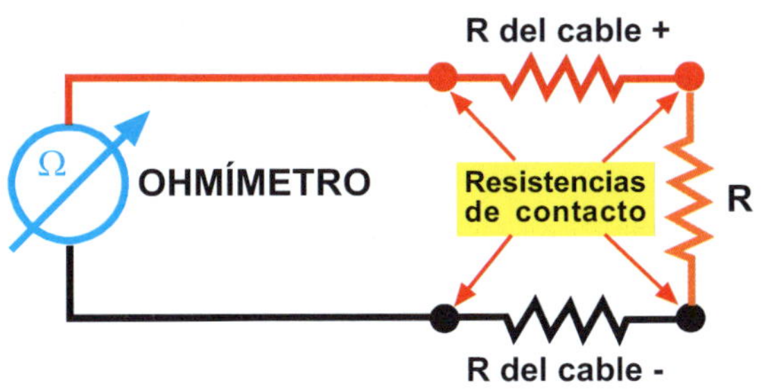

IMPRECISIÓN EN LA LECTURA CON EL MÉTODO DE DOS PUNTAS

La medida de resistencias con el método de dos puntas es válido en la mayoría de los casos.
El problema es que la resistencia medida por el instrumento es la suma de resistencia de los cables de medición, las puntas de contacto y el valor de la resistencia que se pretende medir.
Cuando el valor de la resistencia a medir es alto, la resistencia que ofrece el cableado de lectura se puede despreciar ya que tiene poca influencia sobre el valor total.
No obstante, si el valor de la resistencia a medir es de décimas de ohmio, los cables y las puntas de prueba pueden falsear la lectura.
Cuando cortocircuitamos las puntas de un ohmímetro siempre nos marca una resistencia de entre 0,2 y 0,5 ohmios que tendremos que restar del valor indicado por el instrumento.

MEDIDAS DE PROTECCIÓN

MÉTODO DE MEDICIÓN A CUATRO PUNTAS

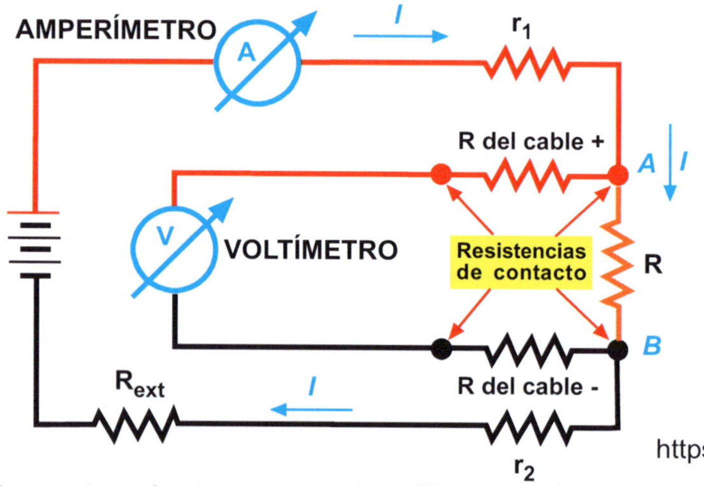

INSTRUCCIONES DE USO DE UN MILIÓHMETRO
https://www.youtube.com/watch?v=KJjYCNm6X54

Con este método, en vez de utilizar un ohmímetro, se utiliza un amperímetro y un voltímetro. Con una fuente de alimentación se aplica un valor fijo de corriente sobre la resistencia a medir. Esta corriente es medida por un amperímetro conectado en serie.

Mediante un voltímetro con una impedancia de entrada muy grande (usualmente 10 MΩ) se mide el voltaje en la resistencia. Debido a la alta impedancia de entrada del voltímetro, prácticamente no circula corriente por el instrumento de medida. Los cables de lectura tienen una resistencia muy pequeña que no provocan caída de tensión.

La lectura indicada por el milióhmetro es el resultado de aplicar la ley de Ohm, en la que la resistencia es el resultado de dividir el voltaje medido entre la intensidad medida.

Este método de medición a cuatro hilos permite medir resistencias muy pequeñas, ya que elimina del resultado las resistencias del cableado y de los potenciales de las puntas de contacto.

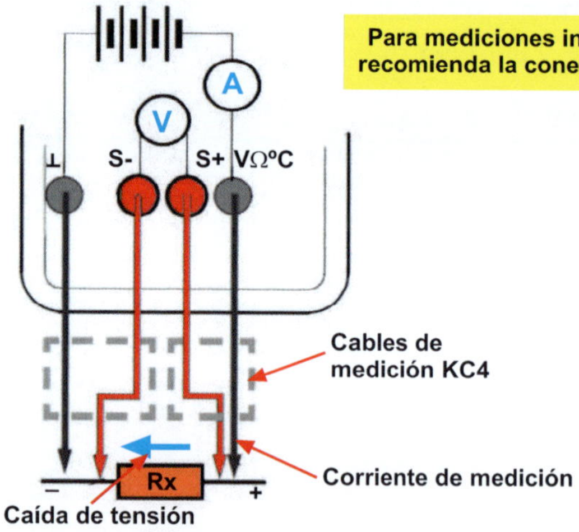

Para mediciones inferiores a 30 Ω se recomienda la conexión a cuatro hilos

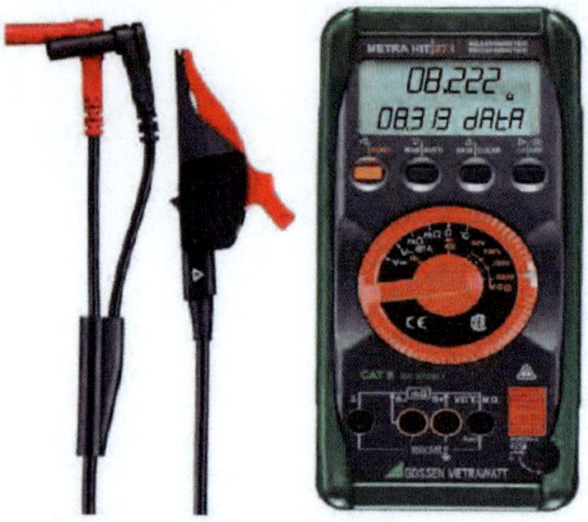

Kelvin Clip KC4

MEDIDA DE LAS TRENZAS DE MASA CON EL MÉTODO KELVIN

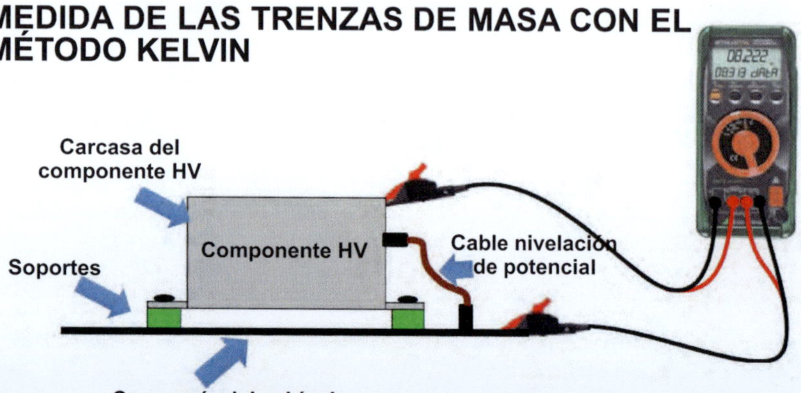

TODAS LA MEDICIONES DEBEN CUMPLIR

R < 0,1 Ω

(norma ECE R-100)

MEDIDAS DE PROTECCIÓN

VOLTÍMETRO

Es necesario para medir la tensión de la red de alta tensión, la de la red de a bordo de 12 voltios, para autentificar la ausencia de tensión cuando se desconecta el circuito de alta y para verificaciones de aislamiento mediante medición indirecta.

Los polímetros autorrango son los más fáciles de utilizar, ya que lo único que hay que seleccionar es la magnitud a medir y el instrumento selecciona automáticamente la escala más adecuada.

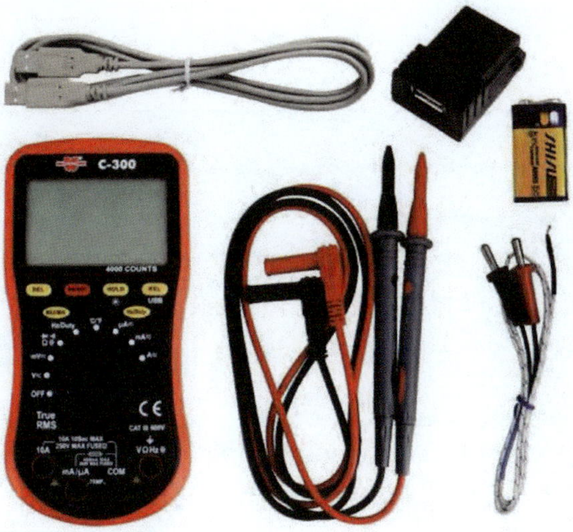

MEDIDA DE AUSENCIA DE TENSIÓN

Mediante un voltímetro de categoría III como mínimo debemos verificar la ausencia de tensión antes de realizar cualquier trabajo en la parte de alta tensión de los vehículos eléctricos.

Para esta operación es imprescindible utilizar guantes aislantes, pantalla protectora y calzado de seguridad.

Hemos de comprobar la ausencia de tensión en los terminales de la batería de alta tensión, en el motor de tracción y en cualquier componente de alta tensión que tengamos que manipular.

Hay que respetar siempre las cinco reglas de oro para trabajar sin tensión.

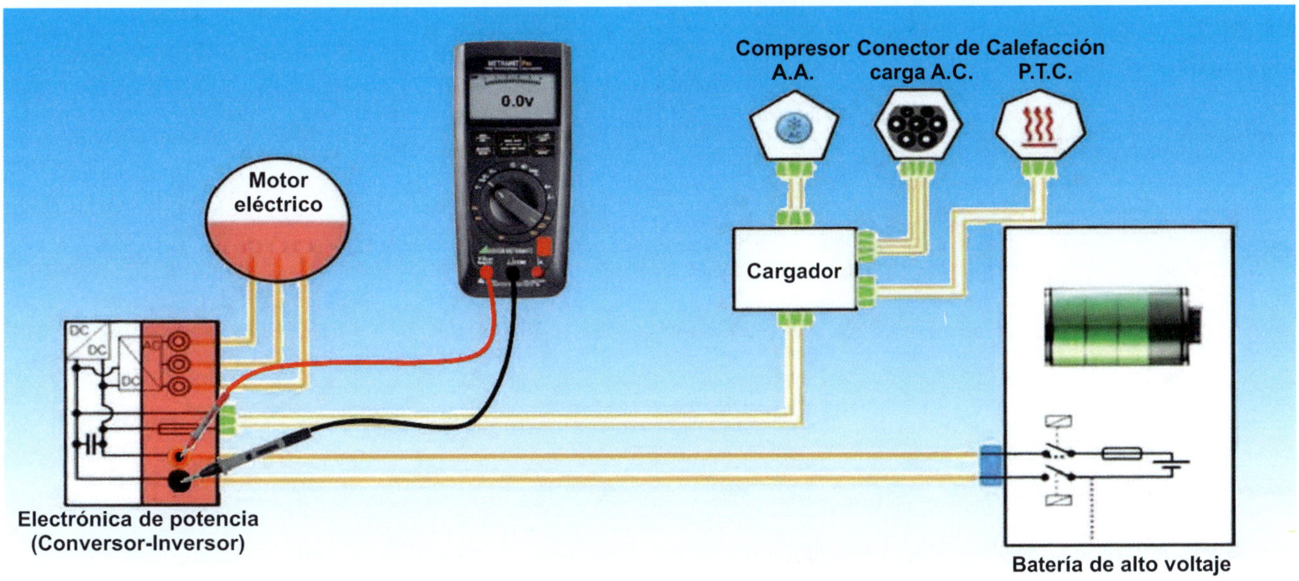

MEDIDAS DE PROTECCIÓN

AISLAMIENTO DEL SISTEMA DE ALTA TENSIÓN

Tal como se ha explicado en las páginas 25 y 26, existe una estricta separación entre la red de alto voltaje y la red de a bordo de 12 voltios para evitar cortocircuitos del sistema de alto voltaje con la masa del vehículo. Esta separación del sistema de alto voltaje con respecto a la carrocería se denomina separación galvánica.

CONCEPTO DE AISLAMIENTO

El aislamiento eléctrico se define como la barrera de resistencia eléctrica que existe entre los componentes de alta tensión y el chasis del vehículo.
Esta separación del sistema de alto voltaje respecto a la carrocería del vehículo se tiene que verificar según la norma ECE R-100.

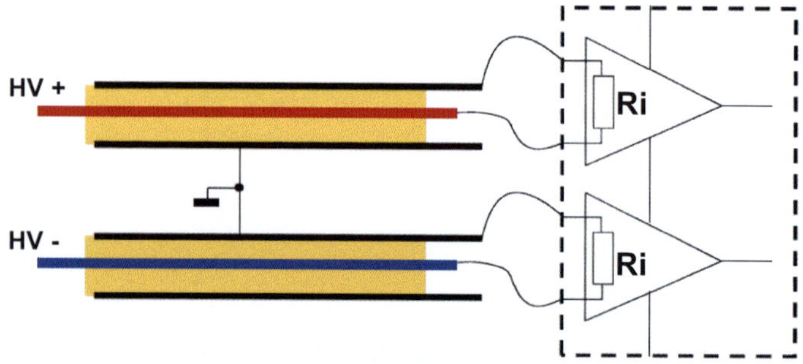

$$R\ aislamiento = \frac{Ri}{Vbat} > 500\frac{\Omega}{V} = OK$$

VALOR MÍNIMO DE LA RESISTENCIA DE AISLAMIENTO

La norma ECE R-100 establece unos valores mínimos de resistencia de aislamiento diferentes en función de si se trata de corriente continua (CC) o corriente alterna (CA).

NORMA "ECE R-100" 5.1.3 resistencia de aislamiento.

5.1.3.1. Grupo motopropulsor eléctrico que conste de dos buses de CC o CA separados.

Si los buses de alta tensión de CA y los de CC están aislados galvánicamente entre sí, la resistencia de aislamiento entre el bus de alta tensión y el chasis eléctrico tendrá un valor mínimo de 100 Ω/V de la tensión de funcionamiento en el caso de los buses de CC, y de 500 Ω/V de la tensión de funcionamiento en el caso de los de CA.
La medición deberá realizarse con arreglo a lo dispuesto en el anexo 4A "Método de medición de la resistencia de alislamiento para los ensayos en el vehículo"

LA NORMA AMERICANA "FMVSS 305" ESTABLECE QUE LA RESISTENCIA DE AISLAMIENTO DEBE SER DE MÍNIMO 500 Ω/V INDEPENDIENTEMENTE DE SI SE TRATA DE CA O CC.

FMVSS 305 ELECTRIC POWERED VEHICLES

ELECTROLYTE SPILLAGE AND ELECTRICAL SHOCK PREOTECTION

Record this value as Ri/Rb, in data Sheet 3, This value must be equal to or greater than 500. If this value is less than 500, a test failure has ocurred.

Para la homologación de los vehículos, los fabricantes siempre se acogen a la norma más restrictiva, por tanto, en las comprobaciones de alislamiento siempre tomaremos como valor teórico de la resistencia de aislamiento mínimo 500 Ω/V.

El valor de resistencia de aislamiento mínimo para garantizar la seguridad frente a una posible electrocución es de:

$$Ri > 500\ \Omega/V$$

Ejemplo: Si la batería de alta tensión es de 400 voltios, la resistencia de aislamiento mínima tendrá que ser 400 x 500 = 200.000 Ω = 200 KΩ.

MEDIDAS DE AISLAMIENTO

MEDICIÓN DIRECTA (sin tensión)

Es el método más seguro para realizar la medición de la resistencia de aislamiento. Para esta operación necesitamos un megaóhmetro.

MEDICIÓN INDIRECTA (con tensión)

Esta prueba de aislamiento hay que realizarla respetando el procedimiento establecido en la norma ECE R-100. Es necesario extremar las medidas de seguridad y utilizar todos los EPI's para evitar el contacto con la alta tensión. Debemos utilizar un voltímetro de categoría III como mínimo y mediante un cálculo específico se determina el valor de la resistencia de aislamiento.

CAUSAS DE FALLO DE AISLAMIENTO

La medición de aislamiento mediante un megaóhmetro es necesaria para un mantenimiento preventivo del sistema de alta tensión del vehículo. Es necesario comprender las diferentes causas posibles de la degradación del rendimiento del aislamiento, para poder implementar medidas correctoras.

Las causas de fallo de aislamiento se pueden clasificar en cinco grupos, teniendo en cuenta que estas distintas causas se suman entre sí agravando el problema.

- La fatiga de origen eléctrico

Relacionada principalmente con fenómenos de sobretensión y caídas de tensión.

- La fatiga de origen mecánico

Los ciclos de puesta en marcha y paro, sobre todo si son frecuentes, los defectos de equilibrado de máquinas rotativas, todos los golpes directos sobre los cables y de forma más general contra las instalaciones.

- La fatiga de origen químico

La proximidad de productos químicos, aceites, vapores corrosivos y de modo general, el polvo afecta al rendimiento del aislamiento de los materiales.

- La fatiga relacionada con los cambios de temperatura

En combinación con la fatiga mecánica provocada por los ciclos de puesta en marcha y parada de los equipos, las exigencias de la dilatación y la contracción afectan a las características de los materiales aislantes. El funcionamiento en temperaturas extremas es también un factor de envejecimiento de los materiales.

- La contaminación ambiente

La acumulación de moho y la acumulación de partículas en entornos húmedos y calurosos provocan también la degradación de las características de aislamiento de las instalaciones y equipos.

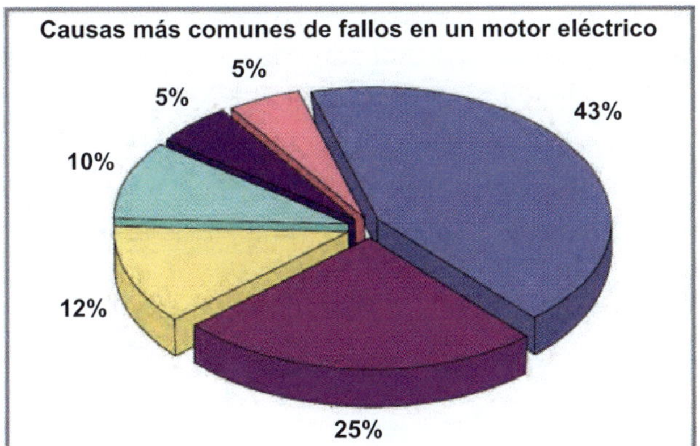

FACTORES DE INFLUENCIA EN LAS MEDIDAS DE AISLAMIENTO

La medida de la resistencia de aislamiento se basa en la ley de Ohm. Al aplicar una tensión continua de un valor conocido y a continuación medir la corriente que circula, es posible determinar fácilmente el valor de la resistencia. Lo normal, es que el valor de la resistencia de aislamiento presente un valor muy elevado pero no infinito. Mediante la medida de la débil corriente en circulación, el megaóhmetro indica el valor de la resistencia de aislamiento en KΩ, MΩ, GΩ, o incluso TΩ en algunos casos. Esta resistencia muestra la calidad del aislamiento entre los conductores y proporciona una buena indicación sobre los riesgos de circulación de corrientes de fuga.

Existen algunos factores que pueden afectar a la lectura de la resistencia de aislamiento. Estos factores son la temperatura y la humedad, que en casos extremos pueden falsear la medida de alislamiento.

MEDIDAS DE AISLAMIENTO

VERIFICACIÓN DE AISLAMIENTO MEDIANTE MEDICIÓN DIRECTA (sin tensión con un megaóhmetro)

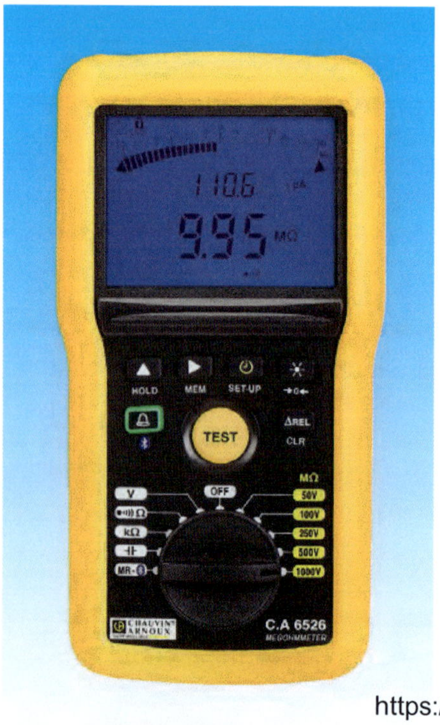

YouTube

INSTRUCCIONES DE USO DE UN MEGAÓHMETRO
https://www.youtube.com/watch?v=XAUNZl0j8wE

MEGAÓHMETRO

Es un aparato capaz de medir la resistencia de aislamiento entre la red de alta tensión y la carrocería del vehículo. Para realizar esta operación inyecta una tensión de prueba seleccionable de entre 50 y 1000 voltios de corriente continua.

REGLAS BÁSICAS DE UTILIZACIÓN DE UN MEGAÓHMETRO

- Las mediciones se han de realizar sin tensión en la red de alto voltaje.
- Asegurarse de que el circuito está descargado.
- Como norma general, utilizaremos una tensión de prueba de 500 voltios.
- Se deben utilizar cables de conexión apropiados para la prueba y asegurarse de su perfecto estado. Es preferible utilizar pinzas de cocodrilo antes que puntas de prueba que hay que sujetar. O mejor aún utilizar los conectores específicos del fabricante del vehículo. **"La tensión de 500 voltios de prueba es peligrosa".**
- Se deben utilizar los EPI's de protección para evitar el contacto eléctrico.

REQUERIMIENTOS PREVIOS A LA VERIFICACIÓN DE AISLAMIENTO

1.- Haber superado satisfactoriamente la prueba de los cables de nivelación de potencial.
2.- El vehículo debe seguir en estado sin tensión (conector de mantenimiento quitado).
3.- Hay que comprobar con un voltímetro que no existe tensión en el circuito de alta, antes de realizar la prueba de aislamiento.
4.- Es recomendable desconectar la batería de 12 voltios.

Una vez conectado el instrumento hay que pulsar la tecla TEST durante un máximo de 60 segundos y observar que la lectura de aislamiento va aumentando durante la prueba.

Resultado de la medición en MΩ

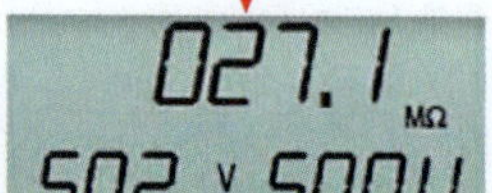

Tensión de prueba real inyectada **Tensión de prueba seleccionada**

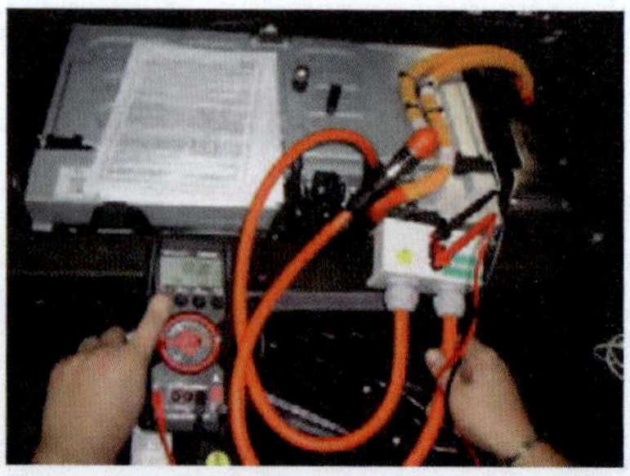

MEDIDAS DE AISLAMIENTO

VERIFICACIÓN DE AISLAMIENTO MEDIANTE MEDICIÓN DIRECTA (sin tensión con un megaóhmetro)

PROTECCIÓN ESPECIAL

No se debe efectuar la prueba en un entorno inflamable o explosivo. Es posible que se produzcan chispas durante la descarga del aislante (antes y después de la prueba), pero también durante la prueba en caso de aislamiento defectuoso.

La medida se ha de realizar a una temperatura de referencia por encima del punto de rocío. La humedad es muy influyente sobre el resultado de la resistencia de aislamiento.

PINZAS DE PRUEBA

Las pinzas utilizadas han de ser del tipo aisladas y no presentar ningún defecto.

TIEMPO DE ESPERA

Al final del ensayo, el aislamiento ha acumulado una cantidad de energía que debe descargarse antes de cualquier intervención.

Como norma general hay que esperar un tiempo cinco veces superior al del ensayo. La descarga se puede realizar creando un cortocircuito entre el cable comprobado y la carrocería del vehículo.

Los megaóhmetros de calidad, disponen de un sistema de descarga automática capacitativa para garantizar la protección del usuario.

PRUEBAS DE DIAGNÓSTICO DE AISLAMIENTO

MEDIDA PUNTUAL O A CORTO PLAZO

Es el método más sencillo. Se aplica la tensión de ensayo durante menos de 1 minuto y se anota el valor de resistencia de aislamiento. El valor se ve altamente perturbado por la temperatura y por la humedad. Con este método se analiza la tendencia a lo largo del tiempo, siendo más representativa de la evolución de las características de aislamiento de la instalación y del equipo. Una vez concluido el diagnóstico completo se debe comparar la lectura con las especificaciones mínimas de la instalación facilitadas por el fabricante.

Debido a la influencia de la temperatura, la prueba la hemos de realizar en las condiciones que determine el fabricante, como norma general a 20 ºC y humedad relativa entre 30 y 50%. El exceso de temperatura y de humedad disminuye notablemente el valor de la resistencia de aislamiento.

Podemos considerar que el aislamiento es correcto cuando el valor es superior a 1.000 Ω por voltio. Si la tensión aplicada es de 500 voltios, el valor de aislamiento ha de ser superior a 500 KΩ.

MÉTODOS BASADOS EN LA INFLUENCIA DEL TIEMPO Y DE LA APLICACIÓN DE LA TENSIÓN DE ENSAYO

Estas pruebas de diagnóstico se realizan tomando lecturas sucesivas a intervalos determinados para comparar la gráfica de un aislamiento en buen estado y un aislamiento contaminado (casi no le influye la temperatura y la humedad). Es recomendable para el mantenimiento preventivo de las máquinas rotativas y el control de sus aislantes.

ÍNDICE DE POLARIZACIÓN (PI)

Consiste en efectuar dos lecturas a 1 y 10 minutos. Dividiendo la resistencia de aislamiento a 10 minutos entre la de 1 minuto se obtiene el índice de polarización. La recomendación IEEE 43-2000 *"Recommended Practice for Testings Insulation Resistance of Rotating Machinery"* indica que un PI (índice de polarización) superior a 4 es señal de buen aislamiento y que un índice inferior a 2 indica un problema.

$$PI = \frac{\text{Resistencia de aislamiento a los 10 minutos}}{\text{Resistencia de aislamiento en 1 minuto}} =$$

1 a 1,5 No aceptable
2 a 4 Bien
> 4 Excelente

RELACIÓN DE ABSORCIÓN DIELÉCTRICA (DAR)

Es similar al IP pero dividiendo la resistencia de aislamiento a los 60 segundos entre la de los 30 segundos. Según el material utilizado para el aislamiento, la "polarización" de los átomos es más rápida y no es necesario tanto tiempo (10 minutos) para concluir la prueba.

Si DAR es mayor de 1,6 la condición de aislamiento es excelente, si es menor de 1,25 es insuficiente.

$$DAR = \frac{\text{Resistencia de aislamiento a los 60 segundos}}{\text{Resistencia de aislamiento a los 30 segundos}} =$$

< 1,25 insuficiente
1,25 : 1,6 Correcto
> 1,6 Excelente

MEDIDAS DE AISLAMIENTO

MÉTODO BASADO EN LA INFLUENCIA DE LA VARIACIÓN DE TENSIÓN DE ENSAYO (medición por escalones)

Las medidas basadas en el tiempo (como las IP y DAR) pueden revelar presencia de contaminantes como polvo, suciedad o humedad en la superficie de los aislantes. No obstante el envejecimiento de los aislantes o ciertos daños mecánicos pueden pasar desapercibidos a este tipo de ensayo practicando una tensión débil en relación a la tensión dieléctrica del aislante probado. Si realizamos una prueba en escala repartiendo en 5 escalones iguales la tensión máxima aplicada en una duración idéntica de 1 minuto, los resultados son independientes del tipo de aislante y de la temperatura.

MÉTODO DE PRUEBA DE DESCARGA DIELÉCTRICA (DD)

Consiste en cargar el componente a analizar durante un tiempo hasta alcanzar un estado estable y a continuación, se descarga mediante una resistencia interna del megaóhmetro.

Las capas defectuosas dentro del aislamiento provocan corrientes de absorción altas. Si carga totalmente el aislamiento y continúa la medida en fase de descarga, las corrientes de fuga desaparecen dentro de los primeros segundos. La capacitancia es descargada y sólo sale la corriente de absorción para el instrumento de prueba a medir. Si una capa del aislamiento está defectuosa, se esperaría mostrar una resistencia de fuga reducida pero la misma capacitancia. La DD es el valor calculado de la corriente, capacitancia y voltaje de prueba y puede indicar problemas en las capas individuales de aislamiento.

Es una prueba de corriente de reabsorción que se realiza midiendo la corriente durante la descarga del dieléctrico del equipo a probar. Se calcula dividiendo la corriente entre el producto de la tensión de ensayo y la capacidad global. La prueba debe realizarse en escala, repartiendo en 5 escalones iguales la tensión máxima a aplicar en una duración idéntica de 1 minuto. Una disminución del 25% o más de la resistencia de aislamiento entre dos escalones consecutivos es señal de deterioro del aislamiento relacionado normalmente con la presencia de contaminantes.

Si el valor DD es mayor de 7, la calidad del aislamiento es mala, si es menor de 2 es buena. Este método es independiente de la temperatura, puesto que no se basa en el valor intrínsico de los aislamientos sino en la disminución efectiva del valor leído al cabo de un tiempo idéntico, para dos tensiones de ensayo diferentes.

$$DD = \frac{\text{Corriente de descarga medida después de 1 minuto (mA)}}{\text{Tensión de prueba (V)} \times \text{Capacidad del objeto (F)}} =$$

> 7 Mala
4 a 7 Mediocre
2 a 4 A vigilar
< 2 Buena

INTERPRETACIÓN DE LOS RESULTADOS

La corriente que circula por un cuerpo aislante es la suma de 3 componentes:

- Corriente de carga capacitativa, es una corriente transitoria correspondiente a la carga de la capacidad del aislamiento probado, elevada al principio e inapreciable cuando el circuito probado está cargado electricamente.
- Corriente de absorción, es la aportación de energía para reorientar las moléculas del aislante, decrece mucho más lentamente.
- Corriente de fuga o de conducción, es la corriente que indica la calidad del aislamento, es constante en el tiempo. Es una pequeña cantidad de corriente que circula alrededor de los materiales aislantes, su valor varia en función del tiempo, es más elevada al alimentar el circuito y disminuye al cabo del tiempo por fenómenos de polarización de las cargas eléctricas de los átomos.

En un aislante en buen estado, la corriente de fuga o la corriente de conducción es débil y la medición está altamente influenciada por las corrientes de carga capacitativa y la absorción dieléctrica. El valor de la resistencia de aislamiento aumentará durante el tiempo de aplicación de la tensión de ensayo, ya que las corrientes parásitas disminuyen.

En un aislamiento incorrecto, deteriorado, sucio o húmedo, la corriente de fuga es constante, muy fuerte y sobrepasa las corrientes de carga capacitativa y de absorción dieléctrica. Por esta razón, la resistencia de aislamiento bajará rápidamente hasta un nivel constante y estable. Es decir:

La resistencia de aislamiento ha de aumentar durante la prueba, si disminuye indica defecto de aislamiento. Es importante guardar los datos de aislamiento para compararlos con verificaciones posteriores.

Aunque la corriente esté estrechamente limitada, un megaóhmetro puede generar chispas y quemaduras leves, pero dolorosas. La sorpresa inesperada puede causar que el operador realice un movimiento brusco. Hay que trabajar a distancia de los sistemas cargados y utilizar prácticas laborales seguras.

MEDIDAS DE AISLAMIENTO

VERIFICACIÓN DE AISLAMIENTO MEDIANTE MEDICIÓN DIRECTA
MEDIDA DE AISLAMIENTO ENTRE + y - DE HV Y CARROCERÍA (con megaóhmetro)

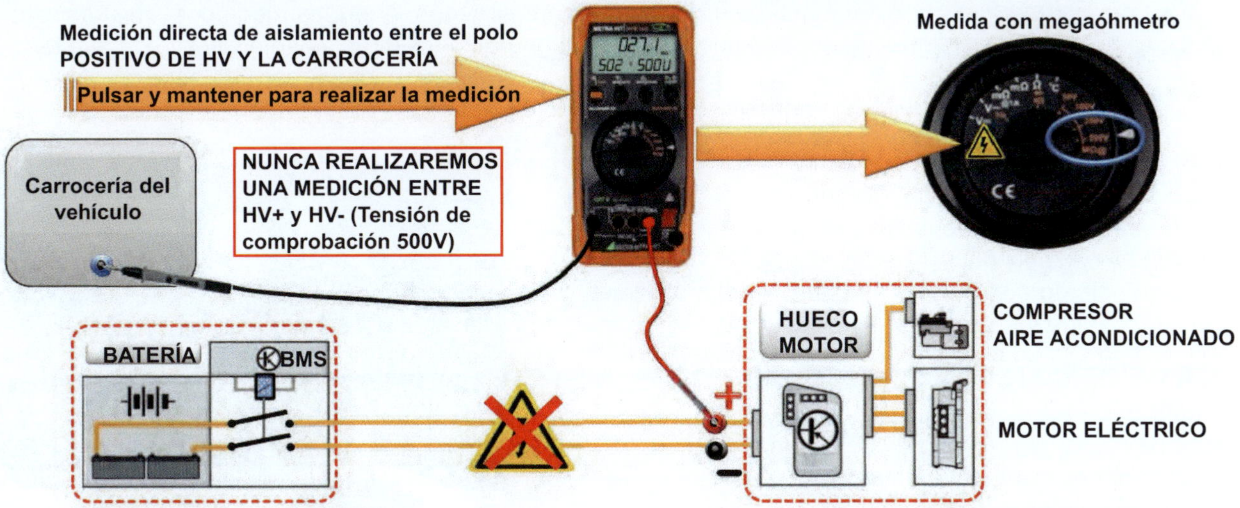

Conectar la pinza positiva al + de HV y la negativa a la carrocería del vehículo. Seleccionar la tensión de prueba a 500 voltios CC y a continuación pulsar la tecla TEST y mantener el tiempo estipulado para la prueba a realizar. Si el aislante es correcto, el valor de la resistencia de aislamiento ha de ir aumentando.

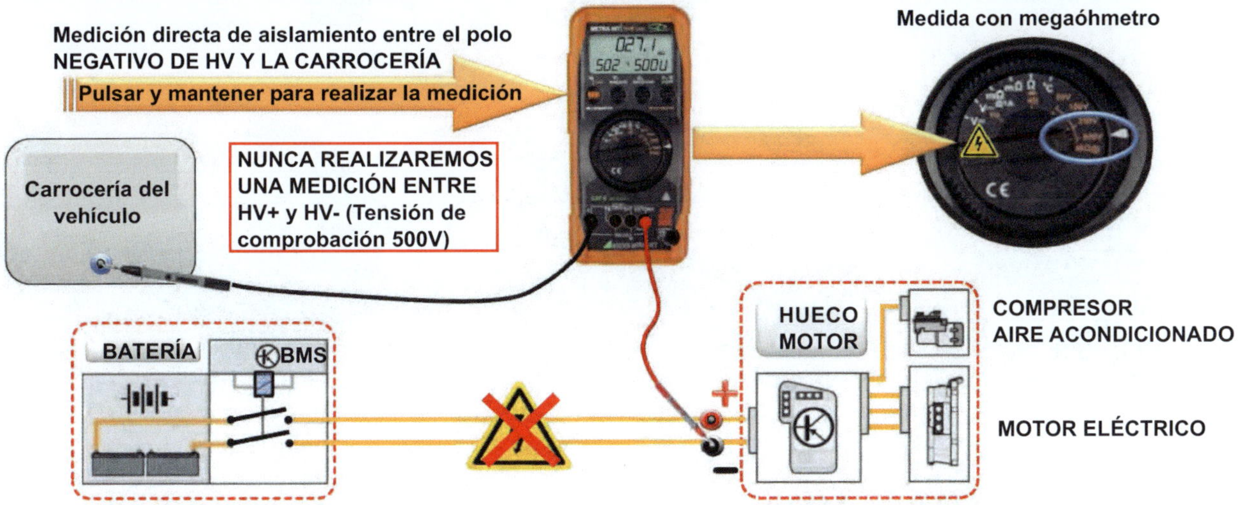

Conectar la pinza positiva al - de HV y la negativa a la carrocería del vehículo. Seleccionar la tensión de prueba a 500 voltios CC y a continuación pulsar la tecla TEST y mantener el tiempo estipulado para la prueba a realizar. Si el aislante es correcto, el valor de la resistencia de aislamiento ha de ir aumentando.

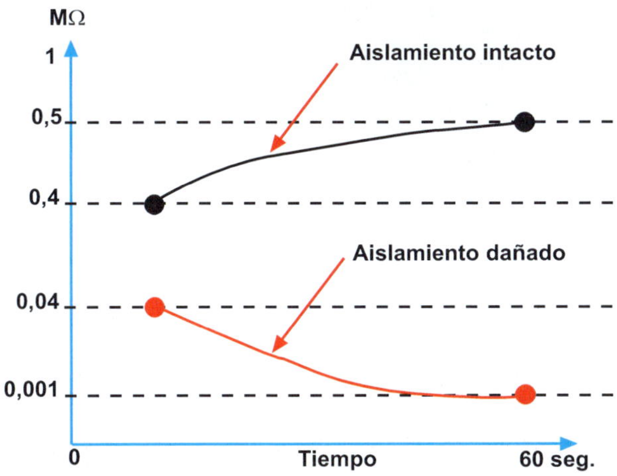

Cuando el aislamiento está perfecto, la resistencia de aislamiento se encuentra dentro del valor teórico desde el inicio de la medición y va aumentando con el transcurso del tiempo.

Cuando el aislamiento está dañado, la resistencia de aislamiento ya es muy baja desde el inicio de la medición y va disminuyendo con el transcurso del tiempo. Los valores y procedimientos de medición serán indicados por el fabricante en las instrucciones de realización y puesta a punto del sistema de HV específico de cada vehículo.

Los megaóhmetros de calidad nos ofrecen el resultado directo de las pruebas descritas (PI, DAR, DD). Los más sencillos sólo indican la resistencia de aislamiento y será función del técnico realizar los cálculos en función de los tiempos y las fórmulas descritas.

MEDIDAS DE AISLAMIENTO

VERIFICACIÓN DE AISLAMIENTO MEDIANTE MEDICIÓN INDIRECTA (con voltímetro)

ESTA PRUEBA SE REALIZA CON EL SISTEMA DE HV CONECTADO Y CON TENSIÓN

Extremar las precauciones con respecto a cortocircuitos, choques eléctricos, chispas, etc. ya que esta confirmación de aislamiento requiere operaciones directas en el circuito de alta tensión. Es obligatoria la utilización de los EPI's adecuados y prácticas laborales seguras. Impedir el acceso a personas no instruidas técnicamente en trabajos sobre HV.

REGLAS BÁSICAS DE UTILIZACIÓN DEL VOLTÍMETRO PARA LECTURAS EN LOS CIRCUITOS DE HV

- El voltímetro ha de ser de categoría III como mínimo.
- Los cables, pinzas y puntas de prueba han de estar en perfecto estado.
- La resistencia de aislamiento de cada bus de alta tensión del vehículo, se medirá o determinará mediante cálculo, utilizando los valores de medición de cada parte o componente del bus de alta tensión (HV+, HV-).

PARA VERIFICAR EL AISLAMIENTO POR EL MÉTODO INDIRECTO ES IMPRESCINDIBLE:

1.- Haber superado satisfactoriamente la prueba de resistencia de los cables equipotenciales. Es decir, las trenzas de masa tienen una resistencia inferior a 0,1 Ω, medido con un miliòhmetro.

2.- Haber superado correctamente la prueba de aislamiento por medición indirecta mediante un megaóhmetro, el valor mínimo ha de ser de 1.000 Ω por voltio.

3.- Haber restablecido la alta tensión en el vehículo mediante la conexión del conector de mantenimiento.

4.- Dar el contacto.

5.- El vehículo debe estar **con tensión**, listo para circular. Para acceder a los contactos de alta tensión hay que extraer la tapa correspondiente con herramientas aisladas y utilizando todos los EPI's de protección. En algunos modelos de vehículos, al extraer la tapa, se interrumpe la línea piloto y será necesario colocar un puente en el conector abierto.

ESTA VERIFICACIÓN ES MUY PELIGROSA, SÓLO LA PUEDE REALIZAR UN TÉCNICO DE ALTO VOLTAJE CUALIFICADO. NO ES RECOMENDABLE EFECTUARLA EN EL TALLER. ES UNA PRUEBA DE LABORATORIO NECESARIA PARA LA HOMOLOGACIÓN DE LOS VEHÍCULOS CON PROPULSIÓN ELÉCTRICA. PARA REALIZAR ESTA PRUEBA HAY QUE RESPETAR LA NORMA ECE R-100

INSTRUMENTAL NECESARIO PARA LA VERIFICACIÓN DE AISLAMIENTO MEDIANTE MEDICIÓN INDIRECTA

VOLTIMETRO DE 10 MΩ

RESISTENCIA PATRÓN

175 KΩ

VOLTIMETRO DE 330 KΩ

- Es necesario utilizar un voltímetro de categoría III como mínimo y una impedancia de entrada de 10 MΩ.
- Una resistencia patrón de 175 KΩ o un segundo voltímetro de categoría III como mínimo de una baja impedancia conocida.

MEDIDAS DE AISLAMIENTO

VERIFICACIÓN DE AISLAMIENTO MEDIANTE MEDICIÓN INDIRECTA (con voltímetro) NORMA DE LA COMISIÓN ECONÓMICA DE LAS NACIONES UNIDAS PARA LA HOMOLOGACIÓN DE VEHÍCULOS ELÉCTRICOS ECE-R100

Es una norma que especifica las condiciones que ha de cumplir un vehículo propulsado eléctricamente, respecto a la seguridad eléctrica para su homologación.

La norma ECE-R100 especifica que para medir la resistencia de aislamiento, se puede utilizar un instrumento de ensayo capaz de aplicar una corriente continua (CC) superior a la tensión de funcionamiento del bus de alta tensión. Es decir, se puede verificar con un megaóhmetro mediante medición directa tal como se ha explicado en páginas anteriores.

La norma ECE-R100 también especifica el procedimiento para medir la resistencia de aislamiento, utilizando el propio vehículo como fuente de corriente continua (CC). Es decir, se puede verificar el aislamiento con el vehículo con tensión, listo para circular. (Con el peligro que esto encierra).

METODO DE MEDICIÓN UTILIZANDO LA TENSIÓN DEL VEHÍCULO

1ª ETAPA

- Hay que medir, utilizando un voltímetro con impedancia de entrada de 10 MΩ y anotar la tensión de batería, que ha de ser la especificada por el fabricante **(Vbat)**.

2ª ETAPA

- Hay que medir, utilizando un voltímetro con impedancia de entrada de 10 MΩ y anotar la tensión existente entre el negativo de la batería de alta tensión y el chasis eléctrico (V1).

3ª ETAPA

- Hay que medir, utilizando un voltímetro con impedancia de entrada de 10 MΩ y anotar la tensión existente entre el positivo de la batería de alta tensión y el chasis eléctrico **(V2)**.

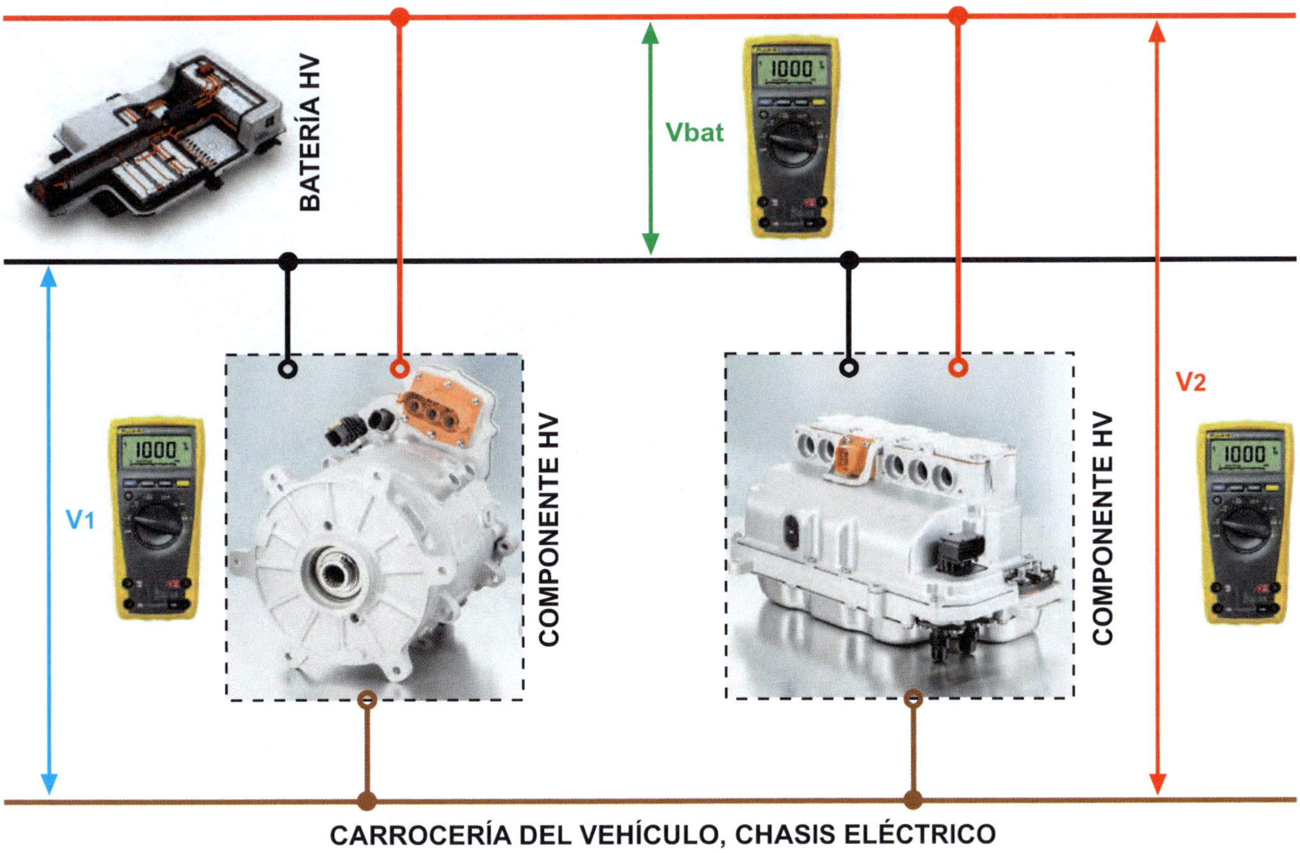

MEDIDAS DE AISLAMIENTO

VERIFICACIÓN DE AISLAMIENTO MEDIANTE MEDICIÓN INDIRECTA (con voltímetro)

4ª ETAPA

- Si V1 es mayor o igual que V2, se inserta en el circuito una resistencia standard conocida (Ro) entre el polo negativo de la batería de alta tensión y el chasis eléctrico. Con la Ro instalada se mide y anota la tensión entre el negativo de la batería y el chasis eléctrico (V1').

El aislamiento eléctrico de la parte negativa de HV- se puede calcular mediante las siguientes fórmulas:

$$Ri\ (HV-) = Ro \times \left(\frac{Vbat}{V1'} - \frac{Vbat}{V1}\right) \quad o \quad Ri\ (HV-) = Ro \times Vbat \times \left(\frac{1}{V1'} - \frac{1}{V1}\right)$$

Si V2 es mayor que V1, se inserta en el circuito una resistencia standard conocida (Ro) entre el polo positivo de la batería de alta tensión y el chasis eléctrico. Con la Ro instalada se mide y anota la tensión entre el positivo de la batería y el chasis eléctrico (V2').

El aislamiento eléctrico de la parte positiva de HV+ se puede calcular mediante las siguientes fórmulas:

$$Ri\ (HV+) = Ro \times \left(\frac{Vbat}{V2'} - \frac{Vbat}{V2}\right) \quad o \quad Ri\ (HV+) = Ro \times Vbat \times \left(\frac{1}{V2'} - \frac{1}{V2}\right)$$

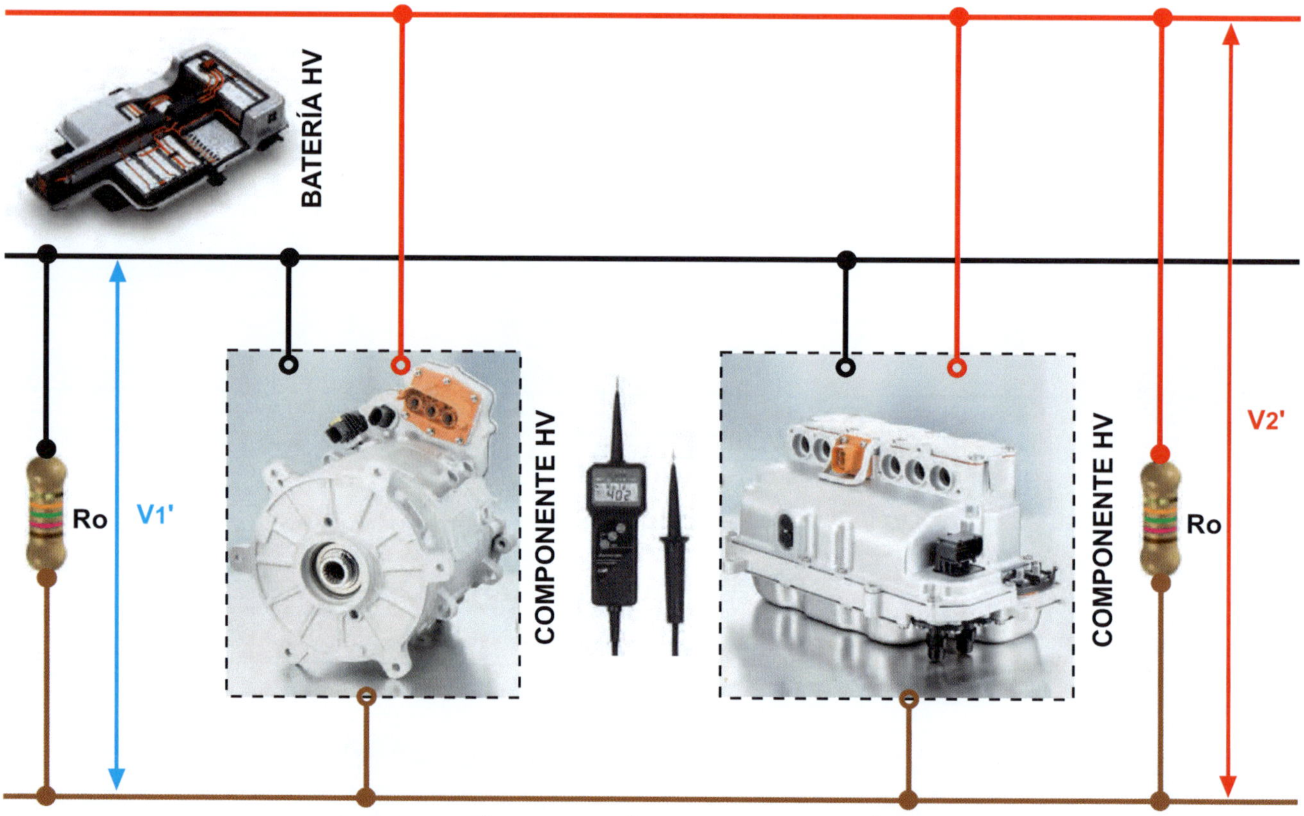

CARROCERÍA DEL VEHÍCULO CHASIS ELÉCTRICO

5ª ETAPA

El valor de la resistencia patrón vendrá definido por la tensión nominal del sistema de alto voltaje multiplicado por la resistencia mínima de aislamiento de 500 Ω/voltio.

- Para una tensión nominal de 350 voltios será: 350 x 500 = 175 KΩ. (Tolerancia 20%)
- Para una tensión nominal de 400 voltios será: 400 x 500 = 200 KΩ. (Tolerancia 20%)

No es imprescindible que la Ro sea exactamente de ese valor, ya que las ecuaciones son válidas para cualquier Ro. No obstante, una Ro dentro de estos márgenes proporciona una buena resolución para las medidas de tensión.

MEDIDAS DE AISLAMIENTO

VERIFICACIÓN DE AISLAMIENTO MEDIANTE MEDICIÓN INDIRECTA (con voltímetro)

El valor de aislamiento eléctrico Ri (en Ω) dividido por la tensión nominal (en voltios) dará el valor de la resistencia de aislamiento (en Ω/V) que ha de ser mayor de 500 Ω/V.

EJEMPLO DE VALORES PARA EL CÁLCULO DE MEDICIÓN INDIRECTA DE AISLAMIENTO EN VEHÍCULOS HÍBRIDOS/ELÉCTRICOS SEGÚN LA NORMA ECE R-100

Podemos utilizar una plantilla de Excel que realice automáticamente los cálculos o realizarlos manualmente aplicando las fórmulas.

Vbat	Tensión en la batería de alta tensión medida con voltímetro de 10 MΩ de impedancia de entrada.	= 350 V
V1	Tensión entre el borne negativo de la batería (HV-) y chasis medida con voltímetro de 10 MΩ de impedancia de entrada.	= 136 V
V2	Tensión entre el borne positivo de la batería (HV+) y chasis medida con voltímetro de 10 MΩ de impedancia de entrada.	= 137 V
V1'	Tensión entre el borne negativo de la batería (HV-) y chasis medida con voltímetro de 320 KΩ de impedancia de entrada.	= 18 V
V2'	Tensión entre el borne positivo de la batería (HV+) y chasis medida con voltímetro de 320 KΩ de impedancia de entrada.	= 19 V

$$Ri\ (HV-) = Ro \times \left(\frac{Vbat}{V1'} - \frac{Vbat}{V1}\right) \qquad Ri\ (HV-) = 320 \times \left(\frac{350}{18} - \frac{350}{136}\right) = 5.398\ K\Omega$$

Ri total del HV- = Ri : Vbat = 5.398.000Ω : 350V = 15.422 Ω/V OK > 500 Ω/V

$$Ri\ (HV+) = Ro \times \left(\frac{Vbat}{V2'} - \frac{Vbat}{V2}\right) \qquad Ri\ (HV+) = 320 \times \left(\frac{350}{19} - \frac{350}{137}\right) = 5.077\ K\Omega$$

Ri total del HV+ = Ri : Vbat = 5.077.000Ω : 350V = 14.505 Ω/V OK > 500 Ω/V

Sólo es necesario trabajar en tensión con posibilidad de contacto directo en:
- **Reparaciones internas de la batería**
- **En vehículos accidentados hasta establecer el estado sin tensión.**
- **En fases de pruebas y desarrollo del fabricante.**
- **Para la homologación, por requerimientos específicos.**

EVITAR SIEMPRE QUE SEA POSIBLE

VERIFICACIÓN DE INSTRUMENTOS

Los instrumentos de medida utilizados en las comprobaciones de alta tensión, deben estar correctamente calibrados según las indicaciones del fabricante. Como mínimo se han de calibrar cada año. Pero siempre hemos de verificar su correcto funcionamiento antes de efectuar cualquier comprobación.

VOLTÍMETRO Y MEDIDOR DE AISLAMIENTO (MEGAÓHMETRO)

MEGAÓHMETRO

MILIÓHMETRO

Para comprobar que estos instrumentos indican sus lecturas correctas, conectaremos los cables de medida del voltímetro a los del megaóhmetro.
Seleccionamos la tensión de prueba a 500 voltios y accionamos el pulsador del medidor de aislamiento, el voltímetro ha de marcar aproximadamente la tensión de prueba, unos 500 voltios y el megaóhmetro ha de marcar la impedancia de entrada del voltímetro, en este caso 10 MΩ.

MILIÓHMETRO

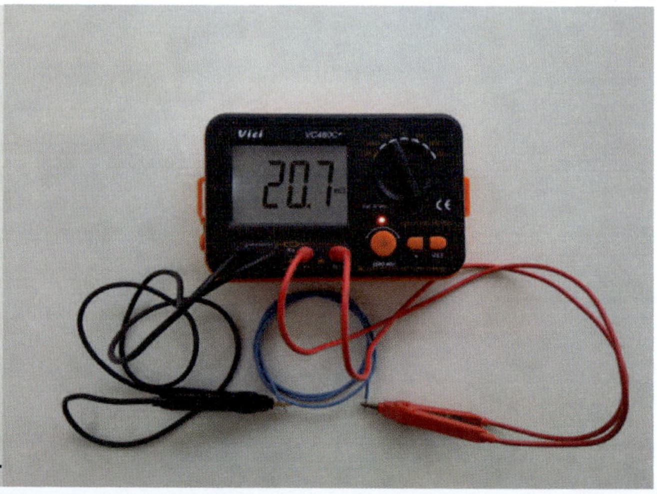

Para asegurar el correcto funcionamiento del miliόhmetro, en primer lugar ajustamos a "cero" el instrumento conectando las pinzas de medida entre si y accionando la rueda de ajuste.
Después medimos un cable patrón de cobre de 1mm^2 de sección y 1 metro de largo. Considerando que la resistividad del cobre es de 0,0171 Ω/mm^2/metro. El instrumento debe marcar entre 17 y 21 mΩ en función de la calidad del cobre.

VERIFICACIÓN DE HERRAMIENTAS Y EPIS

- El trabajador tiene la obligación de comprobar el correcto estado de las herramientas antes de cada uso. **(¡¡ No se exime a nadie de esta responsabilidad !!).**

- Para protegerlas contra posibles daños, golpes, etc. **y evitar confusiones,** se deben guardar las herramientas aisladas siempre en un lugar separado de las normales.

- Las herramientas con daños que puedan mermar su seguridad eléctrica **deberán ser retiradas inmediatamente,** para evitar su uso.

- En los trabajos sobre vehículos eléctricos e híbridos con sistemas de alta tensión, no está permitido utilizar herramientas reparadas.

- El trabajador tiene la obligación de comprobar y mantener en buen estado todos los Equipos de Protección Individual. El empresario tiene la obligación de facilitárselos a los trabajadores, instruirlos sobre su correcto uso, su conservación y verificar que los utiliza correctamente. En caso contrario, el trabajador puede ser sancionado.

Cuando se realicen trabajos en el circuito de alta tensión, no se puede llevar ningún elemento metálico, (relojes, pulseras, anillos, pendientes, etc.)

HERRAMIENTAS AISLADAS

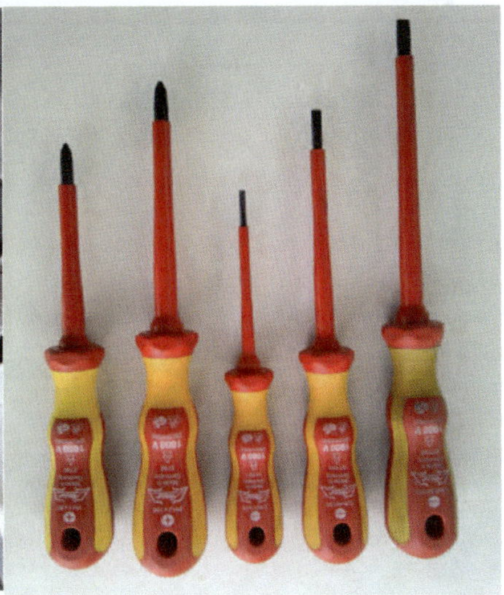

Las herramientas aisladas deben presentar un estado impecable. Hay que descartar cualquier herramienta defectuosa.

GUANTES AISLANTES

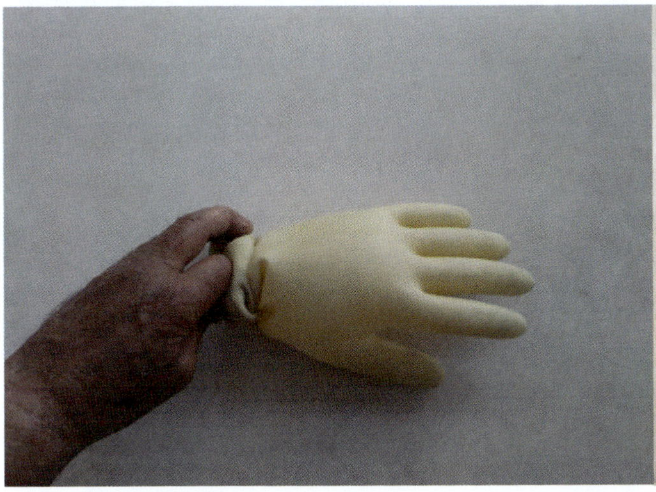

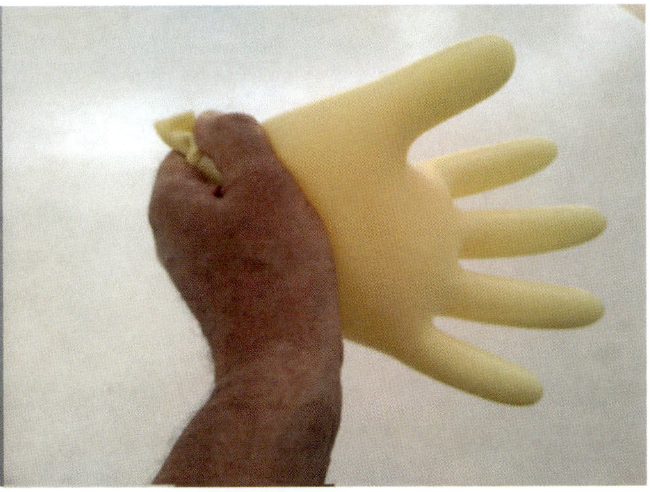

Para comprobar que los guantes no tienen ningún poro, podemos girarlo sobre si mismo para cerrar herméticamente la abertura y a continuación apretar verificando que no pierde aire por ningún dedo.

PROTOCOLO DE ACTUACIÓN PARA LA DESCONEXIÓN DEL HV

ANOTAR EN LA TABLA LOS PASOS SEGUIDOS Y LAS POSIBLES INCIDENCIAS

OPERACIONES A REALIZAR	SI	NO	OBSERVACIONES
1.- Preguntar al cliente si existe otra llave en el vehículo			
2.- Colocar el vehículo en la zona especial de trabajo			
3.- Acordonar y señalizar la zona de trabajo			
4.- Desconectar el encendido			
5.- Separar y guardar la llave fuera del alcance del arranque sin llave			
6.- Quitarse cualquier elemento metálico (relojes, pendientes, pulseras, etc.)			
7.- Desconectar el negativo de la batería de 12 voltios			
8.- Si el fabricante lo recomienda, sacar los fusibles indicados			
9.- Comprobar el perfecto estado de los guantes, gafas y herramientas			
8.- Colocarse correctamente los guantes aislantes y la protección ocular			
9.- Extraer el conector de servicio			
10.- Guardar en un sitio seguro el conector de servicio o colocar candado en el desconectador de alimentación y línea piloto			
11.- Esperar 10 minutos para que descarguen los condensadores			
12.- Comprobar el funcionamiento de milióhmetro			
13.- Verificar los cables equipotenciales (trenzas de masa). ¿La resistencia es inferior a 0,1Ω?			
14.- Utilizando gafas, guantes aislantes y herramientas aisladas desmontar las tapas del conversor-inversor o desconectar el cable de alimentación que llegue desde la batería de HV			
15.- Verificar el funcionamiento del voltímetro y del megaóhmetro			
16.- Verificar con el voltímetro, la ausencia de tensión de alto voltaje (HV)			
17.- Verificar con el megaóhmetro el aislamiento de HV+			
18.- Verificar con el megaóhmetro el aislamiento de HV-			
19.- Verificar con el megaóhmetro el aislamiento del motor eléctrico			
20.- Verificar con el megaóhmetro el aislamiento de compresor			
21.- Verificar con el megaóhmetro el aislamiento de las resistencias del sistema de calefacción PTC			
22.- Emitir un certificado que indique el estado sin tensión del vehículo, el nombre del técnico, fecha y firma. Colocarlo en el vehículo			

El Técnico en Alto Voltaje (HVT): ______________________________

CERTIFICA que el vehículo marca: ______________modelo: ______________ matrícula: ______________

Se encuentra desconectado de la alta tensión y se puede trabajar con seguridad en todos sus componentes **EXCEPTO EN LA BATERÍA DE ALTA TENSIÓN.**

En: ____________________ a _____ de ____________________ de 20__

Firma:

GENERALIDADES Y SEGURIDAD

Marque con una X en esta tabla la respuesta correcta a cada pregunta.

1			2			3			4			5			6			7			8			9			10		
a	b	c	a	b	c	a	b	c	a	b	c	a	b	c	a	b	c	a	b	c	a	b	c	a	b	c	a	b	c

1.- Desde la aplicación de las normas anticontaminantes, todos los gases nocivos han disminuido. Excepto:
- ☐ a) Los NO_x
- ☐ b) El CO
- ☐ c) El CO_2

2.- Cuando un vehículo eléctrico frena ligeramente o desacelera, la energía cinética se transforma en:
- ☐ a) Calor en los discos de freno
- ☐ b) Electricidad por el motor eléctrico
- ☐ c) Se pierde

3.- En los vehículos que disponen de carga rápida, ésta se realiza con corriente:
- ☐ a) Continua de alta intensidad
- ☐ b) Alterna de alto voltaje
- ☐ c) Continua o alterna según el vehículo

4.- La caja de cambios de los vehículos eléctricos suele ser de:
- ☐ a) 4 velocidades
- ☐ b) 6 velocidades
- ☐ c) 1 velocidad

5.- Se consideran tensiones peligrosas, las que superan los:
- ☐ a) 25 voltios AC, 60 voltios DC
- ☐ b) 60 voltios AC, 25 voltios DC
- ☐ c) 18,5 voltios AC, 48 voltios DC

6.- El efecto químico se produce cuando por el cuerpo para una corriente:
- ☐ a) Alterna de alta tensión
- ☐ b) Continua de alta tensión
- ☐ c) Las dos producen efecto químico

7.- El estado sin tensión de un vehículo eléctrico, lo puede establecer:
- ☐ a) Un técnico en alto voltaje (HVT)
- ☐ b) Un técnico en electrotécnica (EUP)
- ☐ c) Cualquier operario con guantes aislantes y gafas de protección

8.- Para los trabajos en alta tensión se han de cumplir obligatoriamente:
- ☐ a) Desconectar la alta tensión
- ☐ b) Acordonar el vehículo
- ☐ c) Las cinco reglas de oro

9.- El circuito de alta tensión de los vehículos eléctricos está:
- ☐ a) Aislado de la carrocería
- ☐ b) Comunicado con la carrocería mediante trenzas de masa
- ☐ c) Comunicado con la batería de 12 voltios

10.- Los cables de alta tensión son de color:
- ☐ a) Rojo de peligro
- ☐ b) Amarillo de advertencia
- ☐ c) Naranja

GENERALIDADES Y SEGURIDAD

Marque con una X en esta tabla la respuesta correcta a cada pregunta.

11			12			13			14			15			16			17			18			19			20		
a	b	c	a	b	c	a	b	c	a	b	c	a	b	c	a	b	c	a	b	c	a	b	c	a	b	c	a	b	c

11.- Tras la desconexión de la batería de HV, hay que esperar:
- ☐ a) 5 minutos
- ☐ b) 10 minutos
- ☐ c) 20 minutos

12.- La línea piloto interconecta:
- ☐ a) La batería de alta tensión y el motor eléctrico
- ☐ b) La batería de alta tensión y el inversor
- ☐ c) Todos con componentes de alta tensión

13.- En los vehículos eléctricos, para la desconexión de alta tensión hay que:
- ☐ a) Sacar el desconectador de la batería
- ☐ b) Abrir el conector de la línea piloto
- ☐ c) Uno de los procedimientos anteriores según modelos

14.- Cuando se dispara el airbag:
- ☐ a) El circuito de alta tensión sigue activo
- ☐ b) El circuito de alta tensión se desconecta durante 10 minutos
- ☐ c) El circuito de alta tensión se desconecta

15.- Los transformadores de los vehículos eléctricos están separados:
- ☐ a) Galvánicamente
- ☐ b) Químicamente
- ☐ c) Mecánicamente

16.- La resistencia máxima de los cables de nivelación de potencial puede ser:
- ☐ a) 0,2 Ω
- ☐ b) 0,1 Ω
- ☐ c) 0,01 Ω

17.- La resistencia de aislamiento mínima ha de ser:
- ☐ a) 100 Ω/V
- ☐ b) 500 Ω/V
- ☐ c) 1000 Ω/V

18.- Para comprobar las trenzas de masa, hay que utilizar:
- ☐ a) Un Milióhmetro
- ☐ b) Un Megaóhmetro
- ☐ c) Un Voltímetro

19.- Para comprobar el aislamiento, hay que utilizar :
- ☐ a) Un Milióhmetro
- ☐ b) Un Megaóhmetro
- ☐ c) Un Voltímetro

20.- La comprobación de aislamiento según la norma ECE R-100, hay que realizarla entre:
- ☐ a) + y - de la batería de AT y la carrocería
- ☐ b) + de la batería de AT y la carrocería
- ☐ c) Todos los componentes de AT y la carrocería

BATERÍAS AUXILIARES DE LA RED DE 12 VOLTIOS

BATERÍAS DE PLOMO-ÁCIDO

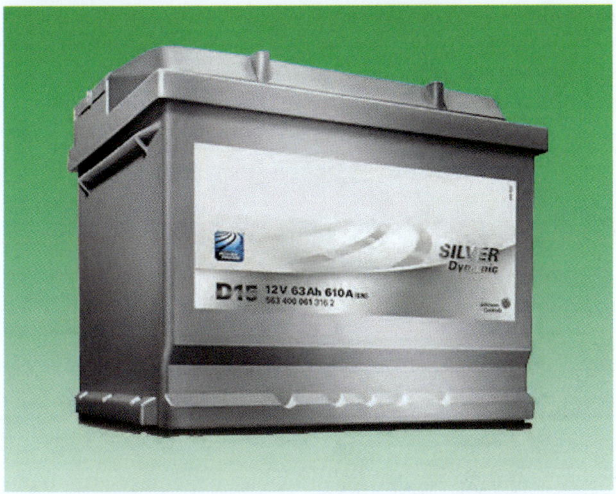

La batería de plomo es la más utilizada para la red de a bordo de 12 voltios del vehículo. Como electrodos se utilizan placas de plomo y plomo/óxido de plomo. Como electrólito se utiliza ácido sulfúrico y agua destilada. Son baterías que con el uso van perdiendo agua destilada por evaporación y requieren mantenimiento para restituir el nivel del electrólito.
No son adecuadas para vehículos de tracción eléctrica debido a su elevado peso y volumen.
A los 5 - 6 años ha perdido gran parte de su capacidad energética.
En caso de accidente se puede derramar ácido sulfúrico muy corrosivo.
El voltaje por celda es de 2 voltios.

BATERÍAS CON MALLA DE FIBRA DE VIDRIO ABSORBENTE (AGM)

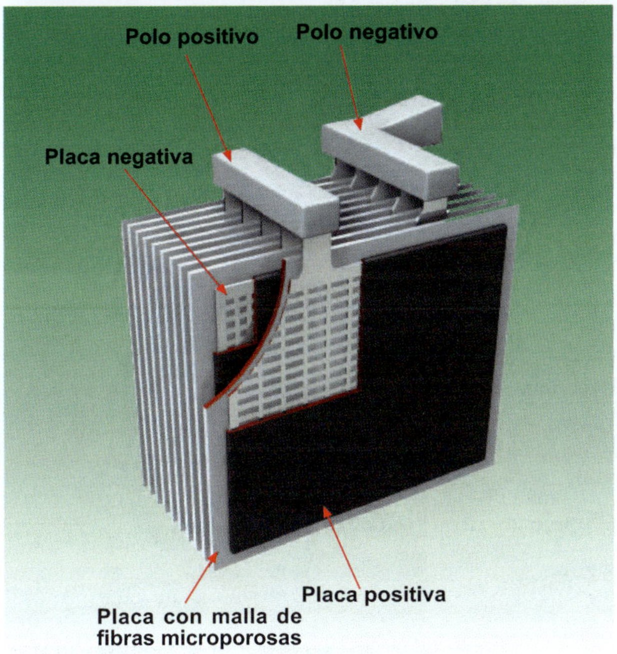

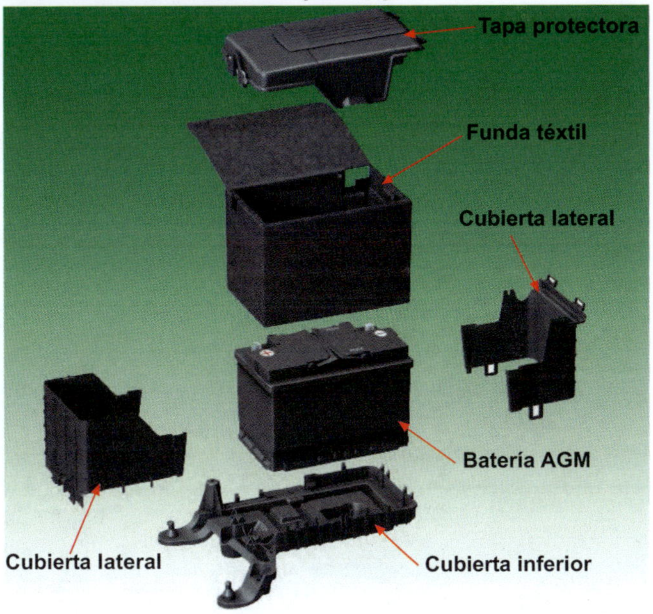

En las baterías AGM el electrólito no se encuentra en estado líquido entre las placas internas de la batería, sino que está absorbido por una malla de fibras microporosas situadas entre las placas. Estas mallas tienen gran capacidad de absorción, de forma que pueden absorber todo el electrolito de la batería sin llegar a saturarse.
Esta tecnología presenta ventajas respecto a las de plomo-ácido como: mayor vida útil, mayor potencia de arranque, menor efecto autodescarga, no necesita mantenimiento, etc.
Como inconveniente tienen que su rendimiento se ve afectado por temperaturas superiores a 55 ºC, por tanto es preferible no montarlas en el compartimento motor y si se hace, protegerlas térmicamente con fundas textiles y protecciones de plástico.
Estas baterías, ya que no tienen electrolito líquido, no se deben rellenar para corregir el nivel. Por esta razón están selladas y no se pueden abrir.
Estas baterías son utilizadas en los vehículos dotados del sistema STAR-STOP con motor de arranque reforzado pero convencional.
Cuando sea necesario la sustitución de la batería ha de ser de tecnología AGM y de la misma capacidad que la original. Además se debe realizar una adaptación de la unidad de control de carga de la batería. Para esto hay que entrar por diagnóstico en adaptación e introducir el código marcado en la propia batería, este código consta de: 3 primeros digitos que indican la capacidad, 3 caracteres que indican el fabricante y el número de serie formado por 10 caracteres.

BATERÍAS DE ALTA TENSIÓN

BATERÍAS DE NÍQUEL-CADMIO (Ni-Ca)

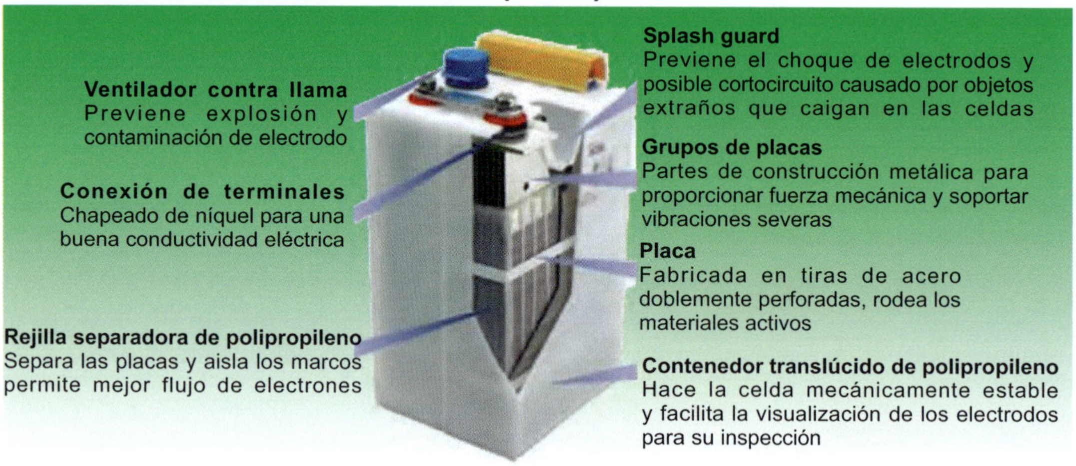

Como electrodos utilizan cadmio y un compuesto de níquel. El electrodo positivo utiliza como materia activa hidróxido de níquel y el electrodo negativo hidróxido de cadmio.

Respecto a los demás componentes y construcción es similar a las baterías de plomo, excepto en el electrólito que en este caso es alcalino (hidróxido de potásio) y no interviene en la reacción oxidación-reducción. Tienen mejor densidad energética que las de plomo y son más resistentes frente a posibles daños o fugas de electrólito. Tienen un efecto memoria pronunciado y por este motivo, con el tiempo se reduce mucho su rendimiento. El voltaje por celda es de 1,2 voltios.

El cadmio y los compuestos de cadmio son muy tóxicos, esto unido al alto efecto memoria ha provocado su sustitución en beneficio de las baterías de níquel-metalhudruro.

BATERÍAS DE NÍQUEL-METALHIDRURO (NiMH)

Cortesía de Toyota. © Toyota

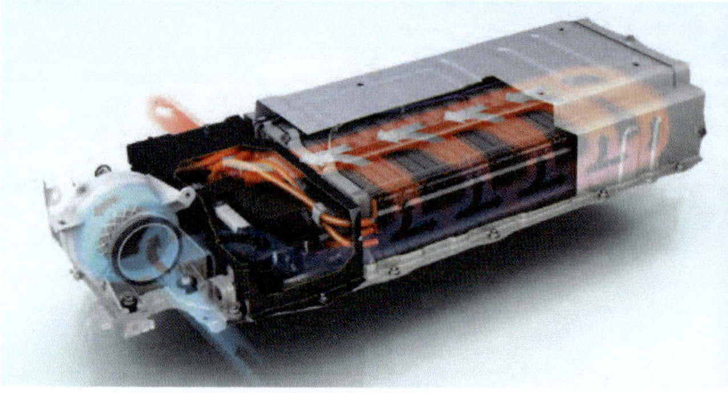

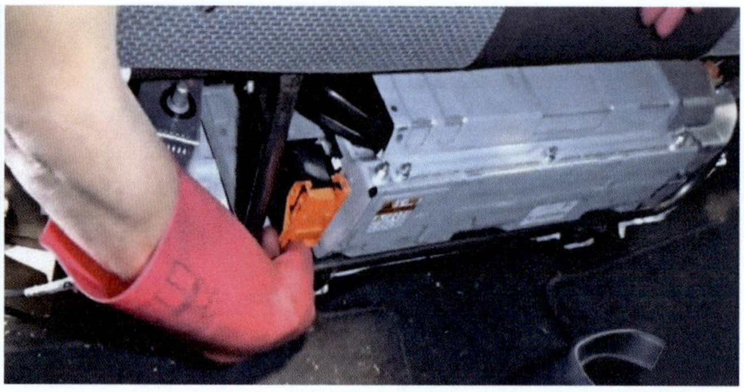

Como electrodos utiliza níquel y un compuesto metálico con hidrógeno en sustitución del cadmio. Poseen mayor densidad energética que las de cadmio y tienen menos efecto memoria. Otra ventaja es que no contiene metales pesados como el plomo o el cadmio y el electrólito contenido en el interior de la batería está en estado sólido. En caso de rotura de la carcasa sólo se producirán algunas salpicaduras.

Es necesario instalar sistemas de refrigeración para evacuar el calor producido. Normalmente se utilizan electroventiladores controlados por el módulo de control de la batería.

Actualmente son muy utilizadas en los vehículos híbridos, pero la tendencia es cambiarlas por las de Ion-Litio. El voltaje por celda es de 1,2 voltios.

Tienen un problema grave, es que si se descargan totalmente no pueden recuperarse, hay que sustituirlas.

EFECTO MEMORIA

Es un fenómeno que reduce la capacidad de las baterías con cargas incompletas. Se produce al cargar una batería sin haber sido descargada completamente.

La batería se calienta por reacción química durante la carga y se crean unos cristales en su interior que con el tiempo reducen su capacidad.

Para evitar este efecto es muy importante cargar la batería cuando esté descargada y no desconectar el cargador hasta que la carga esté completa.

BATERÍAS DE ALTA TENSIÓN

BATERÍAS DE IONES DE LITIO LI-Ion

Cortesía de GM. © GM

El litio es un elemento químico metálico de muy poca densidad y escaso en la corteza terrestre, donde se encuentra disperso en ciertas rocas, se utiliza para la fabricación de aleaciones especiales, y acumuladores eléctricos. Sus sales también se utilizan como antidepresivos.
Para las baterías de litio, se utilizan como electrodos diferentes óxidos metálicos de litio y grafito. El electrólito está compuesto por diferentes disoluciones de sales de litio.
Estas baterías tienen muy poca agua y no presentan efecto memoria. Su densidad es energética es más del doble que las de Niquel-Cadmio. Es decir, que para la misma potencia, se necesita menos espacio que puede destinarse a pasajeros y maletero en vehículos eléctricos.
El voltaje por celda es de 3,7 voltios, tres veces más que las baterías de níquel

RESERVAS MUNDIALES PROBADAS DE LITIO

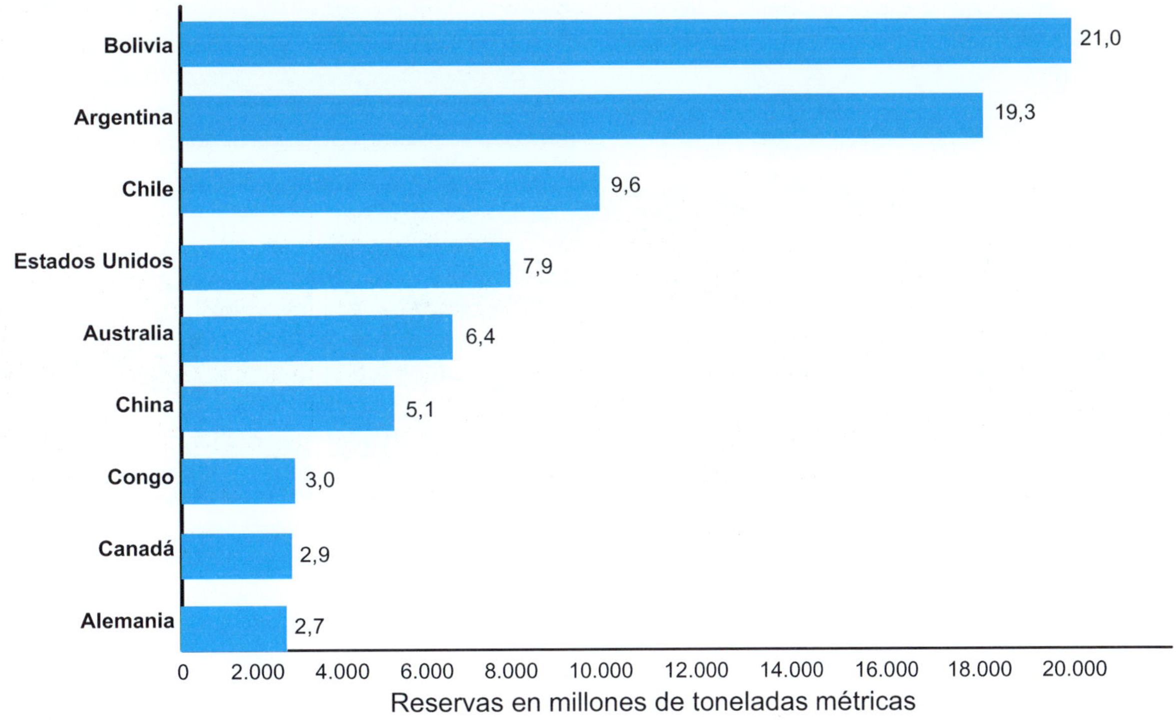

En el gráfico se muestran las reservas probadas de litio a nivel mundial del año 2022. Bolivia encabeza el ranking con 21.0 millones de toneladas. Estos datos pueden variar ya que se continúan buscando nuevas minas de litio en diversos paises. Recientemente se ha anunciado el descubrimiento de litio en la provincia de Cáceres y la construcción de una fábrica de baterías que estará en funcionamiento en el año 2025. Si se encuentran y explotan nuevos yacimientos de litio, es posible que se solucione el problema de disponibilidad y alto precio de este mineral. Pero de momento el precio sigue subiendo. Y los fabricantes están buscando nuevos materiales para la fabricación de baterías

BATERÍAS DE ALTA TENSIÓN

BATERÍAS DE LITIO FERROFOSFATO

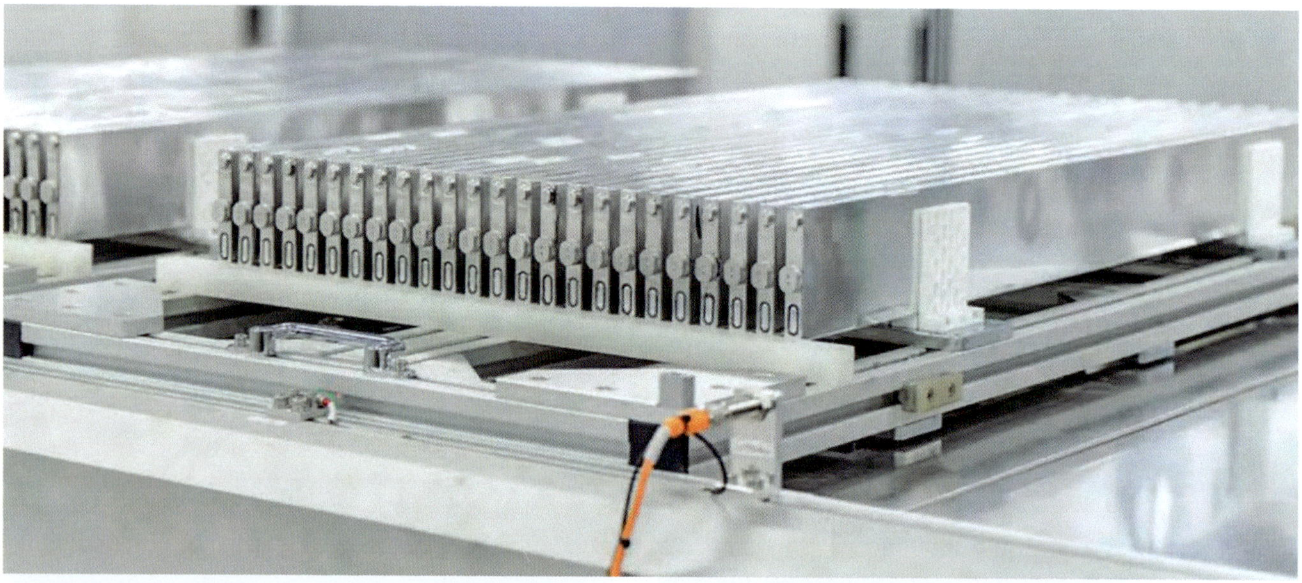

Cortesía de BYD. © BYD

Algunos fabricantes de vehículos eléctricos muy importantes a nivel mundial como BYD y Tesla, están montando en sus vehículos baterías de litio ferrofosfato (LFP) (LiFePO4).
Este tipo de baterías ofrecen menor densidad energética que las convencionales de litio. Pero son más sostenibles al no utilizar el cobalto y más seguras y estables por el alto contenido en hierro.
Las materias primas que se utilizan para su fabricación son abundantes y se encuentran disponibles en varios paises del mundo. Por este motivo son menos costosas que las que utilizan (NCM) níquel cobalto y manganeso.
Su tecnología va evolucionando y en las últimas generaciones ya se alcanzan los 200 Kw/Kg. Posiblemente en poco tiempo, alcancen los 250-270 Kw/Kg igualando a las de níquel.
Gotion Hith Tech, socio de la multinacional Volkswagen, tiene previsto comenzar de inmediato la producción de una batería LFP con una densidad energética de 230 Kw/kg.

Las baterías LiFePO4 ofrecen otros beneficios y ventajas respecto a las de Ion-Litio. Son ampliamente conocidas por su fuerte perfil de seguridad, gracias a una química extremadamente estable.
Las baterías a base de fosfato ofrecen una estabilidad térmica y química superior que proporciona un aumento de la seguridad respecto a las baterías de iones de litio.
Aparte de ser incombustibles, también pueden resistir condiciones duras, ya sea un frío glacial, un calor abrasador o un terreno complicado geográficamente. El rango de trabajo se establece entre los -20 ºC y los 75 ºC. Cuando ocurren eventos peligrosos, como un golpe o un cortocircuito, no explotan ni se incendian, lo que reduce significativamente cualquier posibilidad de daño.
Tiene un ciclo de vida en más de 2.000 veces en comparación con las de iones de litio, que se quedan en un máximo de 1.100 ciclos completos de carga.
Estas razones han llevado al fabricante californiano de Tesla a apostar fuerte por las baterías LFP como el futuro de las baterías de una buena parte de sus coches eléctricos: **el 50 % de los vehículos que ha fabricado Tesla últimamente ya las implementan.**

BATERÍAS DE ALTA TENSIÓN

INVESTIGACIÓN EN NUEVAS BATERÍAS

Las baterías de litio están llegando a su límite respecto a su capacidad energética, su durabilidad, sus problemas suministro e incremento de precio y su seguridad de utilización.
Estas cuestiones están llevando a muchos fabricantes a investigar sobre nuevas químicas y nuevos materiales para la fabricación de las baterías.
El objetivo es ambicioso y se pretende llegar a fabricar baterías que proporcionen hasta 1.000 Km de autonomía, incrementar los ciclos de carga y hacerlas incombustibles, todo ello utilizando materiales más baratos y sostenibles.

BATERÍA DE ESTADO SÓLIDO (SSB)

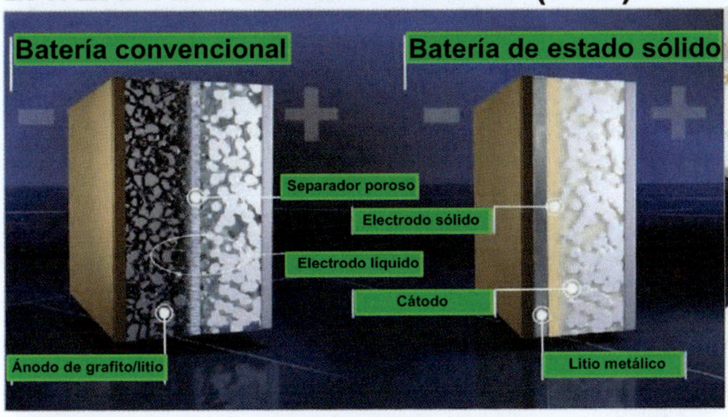

Son baterías fabricadas completamente con materiales sólidos. Son mucho más seguras, ya que en caso de perforación o rotura no derraman líquidos tóxicos y su proceso de carga es mucho más rápido.
A nivel teórico, todo esto está muy bien, pero actualmente su durabilidad no es la más adecuada debido a que cuando los iones de litio se insertan o extraen de los electrodos de la batería, cambia la estructura del material y hace que el electrodo se expanda o se contraiga.
Se está investigando en nuevos materiales para los electrodos que resuelvan este problema. Cuando se consiga solucionar este tema, se podrán fabricar baterías de mucha más capacidad y realizar la carga completa en tan sólo 5 minutos.

BATERÍAS DE LITIO-AZUFRE

Las últimas investigaciones prometen capacidades 5 veces superiores a las de Ion-litio, pero actualmente el principal problema es la rápida degradación que sufren con los ciclos de carga que se traduce en una escasa vida útil. Se sigue trabajando para conseguir más de 1.000 ciclos de carga necesarios para el coche eléctrico.

BATERÍAS DE GRAFENO

El grafeno es uno de los materiales más prometedores para la obtención de baterías de larga autonomía para los coches eléctricos.
Se lleva muchos años investigando en el tema por ser un material barato, abundante, resistente y ligero, pero aún no está disponible para la fabricación en serie.
En resumen, hay muchos campos abiertos para desarrollar nuevas baterías y seguramente en pocos años se conseguirán baterías más fiables, de mayor capacidad y más baratas.

Celdas de Nissan Leaf

Sellador específico para baterías y componentes eléctricos

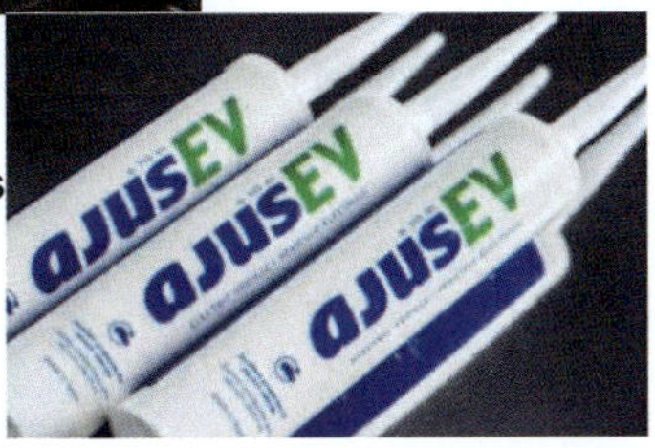

REPARACIÓN DE BATERÍAS

Ya existen recambios de módulos de baterías e incluso de celdas individuales.
A través de EOBD se puede consultar el estado de los diferentes módulos. También están a punto de salir al mercado instrumentos de verificación de celdas con los que se puede determinar el estado de carga y de salud de cada celda de las baterías de alta tensión.
Ya hay talleres que se están especializando en la reparación de baterías de alta tensión.
Éste es un tema lo suficientemente extenso como para dedicarle un nuevo libro en el que trabajaré próximamente.

BATERÍAS DE ALTA TENSIÓN

GESTIÓN DE CARGA, BALANCEO DE CELDAS

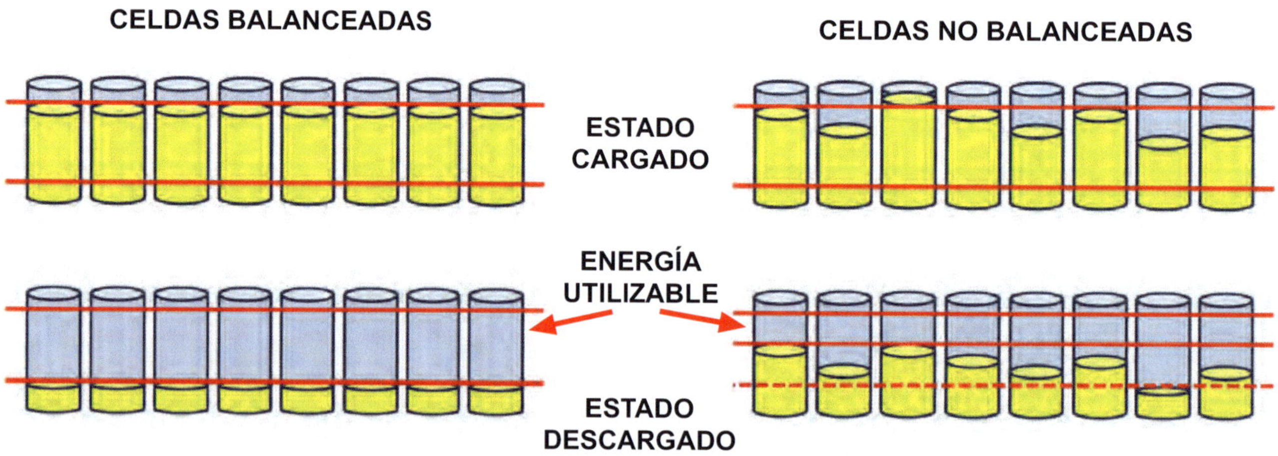

Las baterías están formadas por un conjunto de celdas conectadas entre si para conseguir la capacidad y el voltaje necesario, para el funcionamiento de los motores de los vehículos eléctricos.
Para el aprovechamiento óptimo de la carga de la batería, es muy importante que las celdas se carguen y descarguen por igual, si no es así, el margen de utilización de la carga de la batería se ve muy limitado.
Una de las funciones importantes de la unidad de mando de batería (BMS) es realizar el balanceo de celdas. Consiste en repartir uniformemente la carga de cada una de las celdas, descargando las que tienen más voltaje sobre las que están más descargadas. Mediante este control se consigue que todas las celdas tengan el mismo voltaje y el rango de utilización aumenta considerablemente.

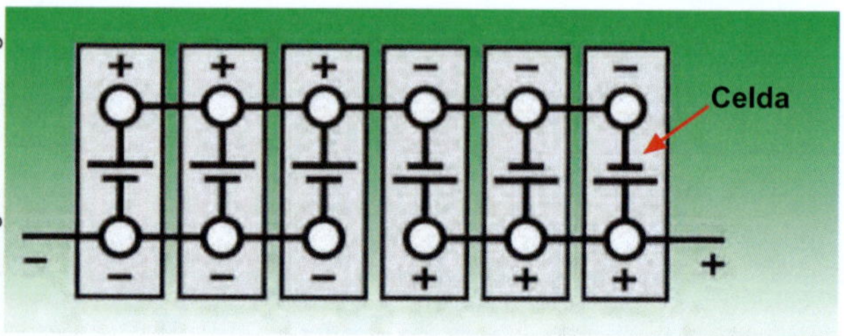

Cortesía de Volkswagen. © Volkswagen

MÓDULOS DE LA BATERÍA

Están formados por celdas de batería. Normalmente se conectan tres celdas de batería en paralelo que a su vez se conectan en serie con otras tres.
Las conexiones en paralelo aumentan la capacidad y las conexiones en serie aumentan el voltaje. Cada módulo de batería con seis celdas aporta una tensión de 11,1 voltios.

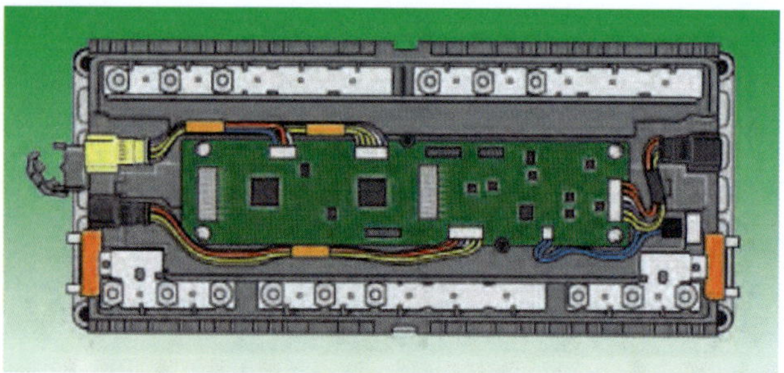

MÓDULOS DE CONTROL DE BATERÍA MAESTROS

Un módulo maestro puede estar formado por 12 celdas y puede estar conectado con hasta cuatro módulos esclavos. El módulo maestro controla el estado de carga, vigila la temperatura de los módulos y la tensión de las celdas. Los datos se envían a la unidad de control para la vigilancia de los módulos de batería a través de un bus privado.

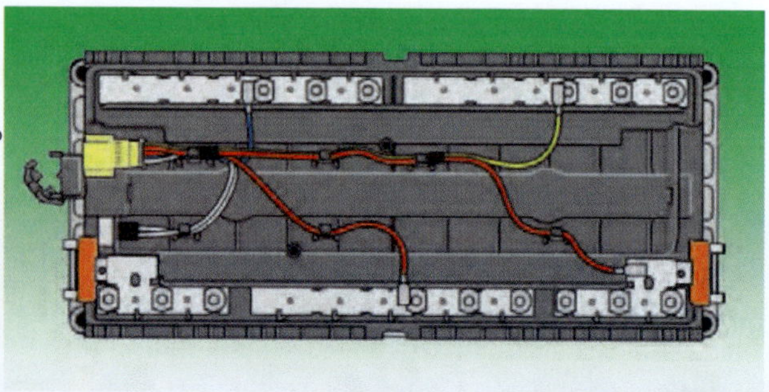

Cortesía de Volkswagen. © Volkswagen

MÓDULOS DE CONTROL DE BATERÍA ESCLAVOS

Los módulos esclavos no tienen electrónica de control. Mediante sensores de temperatura y voltaje, registran estos datos y se los comunican a los módulos maestros.

BATERÍAS DE ALTA TENSIÓN

BATERÍAS DE ION-LITIO

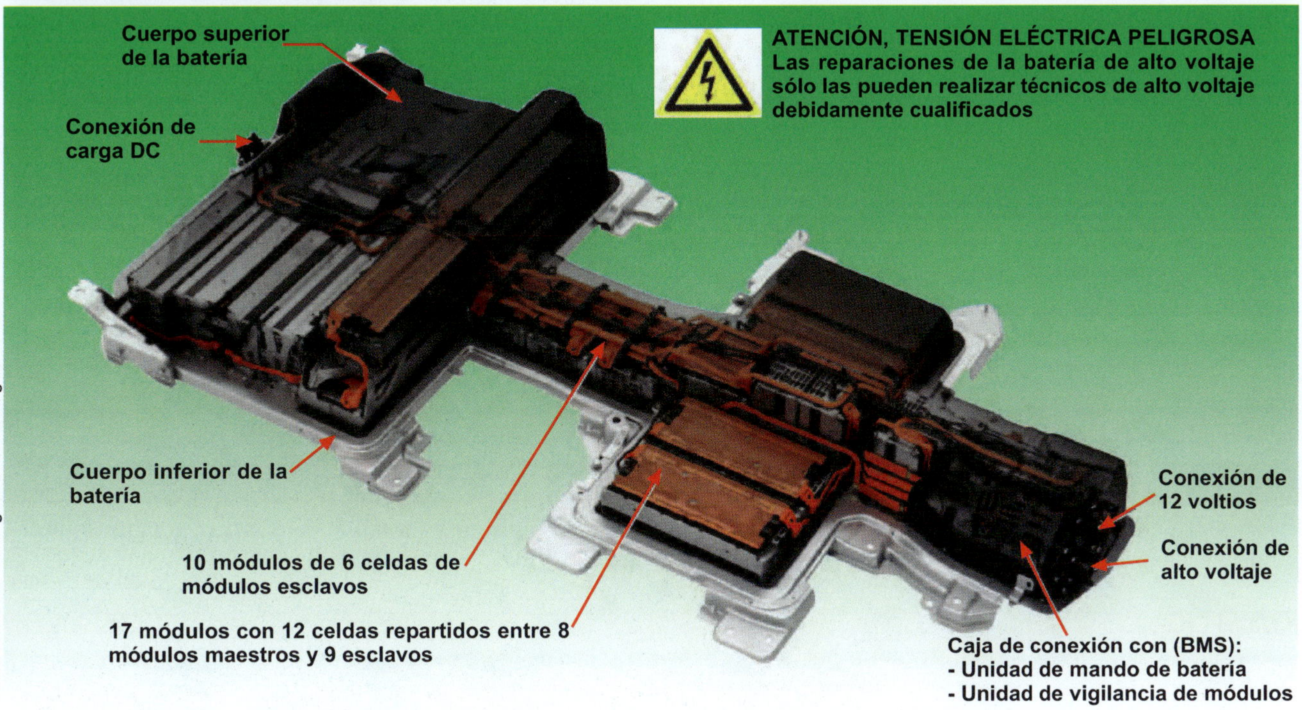

Cortesía de Volkswagen. © Volkswagen

La batería de alto voltaje suele estar instalada en los bajos del vehículo, protegida con una carcasa metálica. Esta ubicación es la ideal, ya que baja el centro de gravedad del vehículo y no resta espacio para pasajeros y maletero. Es la encargada de suministrar la energía para la propulsión, la calefacción y la refrigeración. El voltaje depende de cada vehículo, pero suele estar entre los 300 y 600 voltios.
El margen de temperatura de trabajo se sitúa entre los -25 ºC y + 55 ºC. Para garantizar que la batería trabaje dentro de los márgenes de temperatura, en algunos modelos, está dotada de sistemas de refrigeración-calefacción bien de aire o líquida.

Dentro de la carcasa de protección de la batería se encuentra la caja de conexiones, los relés conexión de la alta tensión, la unidad de mando de la batería y la unidad de vigilancia de los módulos de la batería.
Funciones de la unidad de mando de la batería (BMS):
- Vigilancia de la línea piloto.
- Comprobación de la señal de colisión.
- Función maestra para el control de la unidad de vigilancia de los módulos de batería.
- Cálculo del estado de carga SOC (State Of Charge) y del estado de Salud SOH (State Of Health.

Funciones de la unidad de vigilancia de los módulos de batería:
- Control de los relés de protección.
- Regulación del estado de carga. Balanceo de celdas.
- Control de la temperatura de trabajo.
- Vigilancia de la protección de aislamiento.
- Control de la corriente antes y después de los relés de protección.

NOMENCLATURA DE SEGURIDAD DE LAS BATERÍAS DE ALTA TENSIÓN

Es un sistema de codificación que indica los grados de protección proporcionados por el envolvente contra el acceso a las partes peligrosas.
Las baterías de alto voltaje cumplen con las clases de protección IP 6K7 e IP 6K9. IP = Internal Protection.
- 6 = protección completa contra contacto, protección contra la penetración de polvo (totalmente estanca al polvo).
- K = Requisito especial en el sector del automóvil (grado de protección mecánica del envolvente contra impactos).
- 7 = protegido contra la entrada de agua por inmersión.
- 9 = protegido contra la entrada de agua por lavado a alta presión o chorro de vapor.

Además B = protegido contra el acceso de un dedo de diámetro > 12 y hasta 80 mm de longitud.

BATERÍAS DE ALTA TENSIÓN

BATERÍAS DE ION-LITIO

Las características de las baterías de alto voltaje son:
- La tensión nominal.
- El rendimiento.
- La vida útil.
- La densidad energética.

Estos valores dependen del material y las sustancias químicas utilizadas en la construcción de la batería.

TENSIÓN NOMINAL

Dependerá del número de celdas, de su conexionado interno y del tipo de batería. El voltaje por celda de las baterías de plomo es de 2 voltios, de las de níquel metalhidruro de 1,2 voltios y de las de litio de 3,7 voltios. Mediante el conexionado en serie de las celdas de la batería, conseguimos tensiones de trabajo para los vehículos eléctricos comprendidas entre los 300 y 600 voltios.

RENDIMIENTO

El rendimiento de una batería de alta tensión se expresa en porcentaje. Es la relación que existe entre la energía utilizada para cargar la batería y la que puede utilizarse durante la descarga.
Debido a que una pequeña parte de la energía de carga se entrega en forma de calor, se produce una pequeña perdida de carga y por tanto, el rendimiento de la batería nunca podrá ser del 100%.

VIDA ÚTIL

La vida útil de una batería se determina por su resistencia a los ciclos de carga. Las baterías de alto voltaje se fabrican para garantizar una durabilidad de unos 10 años.
Esto se traduce en que han de soportar unos 3.000 ciclos de carga durante su vida, que equivalen a 300 ciclos por año.
Normalmente se considera útil, cuando el rendimiento de la batería es superior al 70%.

DENSIDAD ENERGÉTICA

Este indicador determina el rendimiento de la batería en relación a su peso en Kg. Cuanto mayor sea la densidad energética, mayor será la energía que se pueda acumular y volver a entregar para realizar un trabajo.
La unidad de medida de la densidad energética es el (Wh/Kg) vatio hora por Kilo. Es decir la relación entre el trabajo eléctrico (Wh) y el peso de la batería (Kg).
Partiendo de la densidad energética se puede deducir la autonomía de un vehículo eléctrico.

Si tomamos como ejemplo una batería de 300 voltios de tensión, 100 Kilogramos de peso y 7 amperios de corriente, podemos hacer los siguientes cálculos:

Potencia = voltaje por intensidad
P = 300V x 7A = 2.100 vatios = 2,1 Kw

Trabajo eléctrico, es el producto de la potencia eléctrica por el tiempo. Esta batería puede efectuar un trabajo de 2,1 Kw en una hora.

Densidad energética
Es el resultado de relacionar la potencia eléctrica con el peso de la batería.
2.100 W x 1h/100Kg = 21 Wh/Kg.

Capacidad de la batería
Está directamente relacionada con el número de celdas de que disponga la batería de alta tensión. Para vehículos eléctricos se cuenta con baterías desde 15 a 100 Kw/h con las que se puede conseguir una autonomía NEDC (New European Driving Cicle) de entre 150 y 500 Km.
WLTP (Worldwide Harmonized Light-Duty Vehicles Test Procedures) de entre 100 y 400 Km.

BATERÍAS DE ALTA TENSIÓN

ESTADO DE CARGA (SOC) *State Of Charge*

Todos los vehículos eléctricos indican en su cuadro de instrumentos el estado de carga de la batería. Esta indicación no es real al 100%. Los márgenes de trabajo de las baterías de alta tensión están entre el 70% y el 30%, Cuando la batería está al 70% de la carga, el indicador marca el 100% y cuando la batería está al 30% el indicador del cuadro indica 0%.

Este dato es muy importante y hay que tenerlo en cuenta. Cuando el cuadro marca 0% de carga, la batería tiene suficiente energía como para provocar una descarga eléctrica peligrosa. No manipular nunca las baterías de alta tensión si no se tiene la capacitación necesaria.

INDICACIÓN EN EL CUADRO DE INSTRUMENTOS DEL ESTADO DE CARGA DE LA BATERÍA DE ALTA TENSIÓN

SOC REAL 100%	SOC REAL 70%	SOC REAL 50%	SOC REAL 30%	SOC REAL >25%

SOC INDICADO ---	SOC INDICADO 100%	SOC INDICADO 50%	SOC INDICADO 0%	SOC INDICADO ---

LOCALIZACIÓN DE RIESGOS POTENCIALES EN UNA BATERÍA DE ALTA TENSIÓN

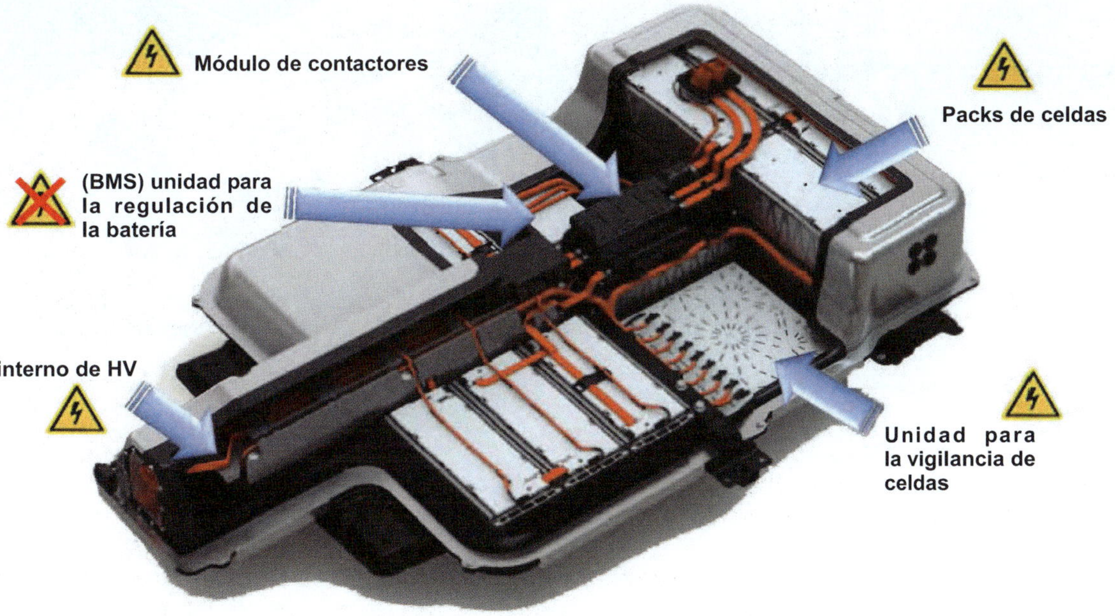

Al establecer el estado sin tensión del vehículo eléctrico, mediante la extracción del conector de servicio, lo que hacemos es desconectar la salida de alta tensión de la batería hacia el conversor-inversor.
Las celdas de la batería no se descargan, la batería mantiene toda su energía. En el taller no está permitido abrir el compartimento de la batería de alta tensión bajo ningún concepto.
Según los fabricantes. Sólo un Experto en Alta Tensión (HVE) puede desmontar la batería del vehículo, embalarla correctamente y enviarla al fabricante o punto de reciclaje.

DESCONEXIÓN DE LAS BATERÍAS DE ALTA TENSIÓN

VARIANTES DE CONECTORES DE SERVICIO PARA LA DESCONEXIÓN DE LA BATERÍA DE ALTA TENSIÓN

Aquí vamos a exponer los distintos conectores de servicio que nos podemos encontrar para desconectar las baterías de alta tensión en diferentes vehículos.

Antes de proceder a la desconexión hay que tener en cuenta las cinco reglas de oro para trabajos en alta tensión (páginas 19, 20 y 21 de este manual), las instrucciones del fabricante y el protocolo de actuación descrito en la página 42.

Sólo un Técnico en Alto Voltaje (HVT) puede acceder al conector de servicio para la desconexión de la bateria de alta tensión.

MODELO 1 Toyota, Volkswagen...

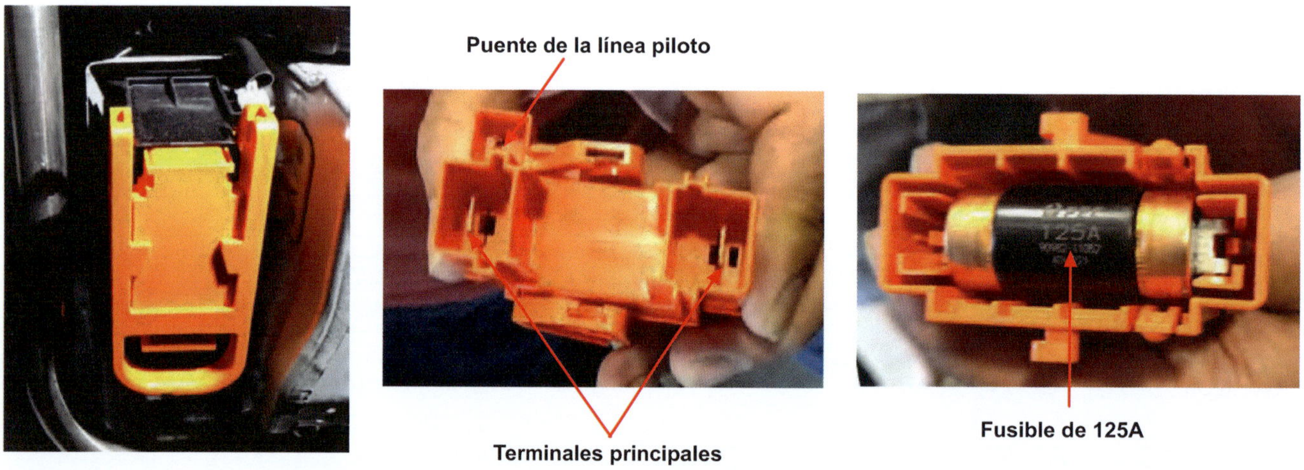

Situado en la propia batería. Al extraerlo se corta la conexión de la batería por la mitad. Dispone de dos terminales grandes para la conexión principal y un puente de desconexión de la línea piloto. En su interior alberga un fusible de 125A que protege la línea de alta tensión en caso de cortocircuito.

PROCEDIMIENTO DE EXTRACCIÓN

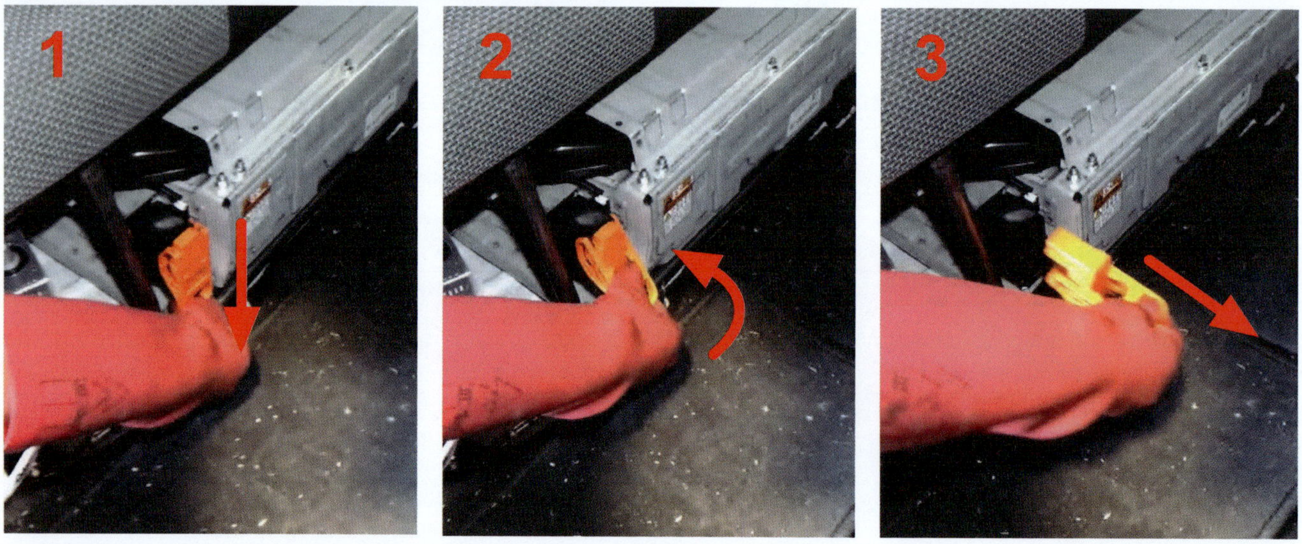

El Técnico en Alto Voltaje (HVT) utilizando guantes aislantes y protección ocular, procederá a la extracción del conector de servicio, según el siguiente procedimiento:

1.- Estirar de la anilla del conector hasta que haga tope.
2.- Girar 90 grados para desacoplar.
3.- Estirar del conector para extraerlo

DESCONEXIÓN DE LAS BATERÍAS DE ALTA TENSIÓN

CONECTORES DE SERVICIO PARA LA DESCONEXIÓN DE LA BATERÍA DE HV

MODELO 2 Renault

Exponemos como ejemplo el de la Renault Kangoo, localizado en la parte lateral inferior izquierda tras una tapa de plástico. Tiene incorporado un fusible de 225A.

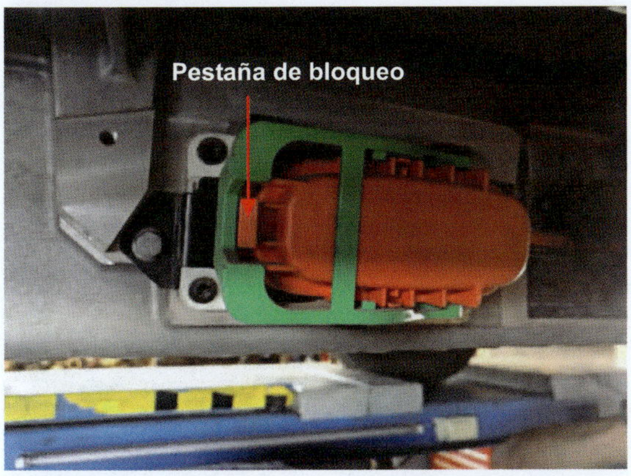

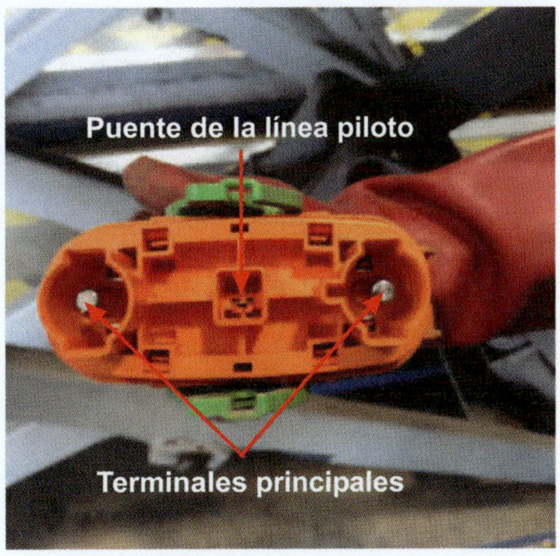

PROCEDIMIENTO DE EXTRACCIÓN

Recordemos que sólo un operario formado como Técnico en Alta Tensión (HVT) puede realizar el trabajo de desconexión del conector de servicio.

En la furgoneta Renault Kangoo, lo encontramos protegido con una tapa de plástico en el lateral inferior izquierdo, junto a la batería.

Al extraerlo se corta el conexionado interno de la batería por la mitad y se interrumpe la alimentación de alta tensión. Dispone de dos terminales redondos grandes para la conexión principal y un puente pequeño que desconecta la línea piloto. En su interior alberga un fusible de 225A que protege la instalación de alta tensión en caso de cortocircuito.

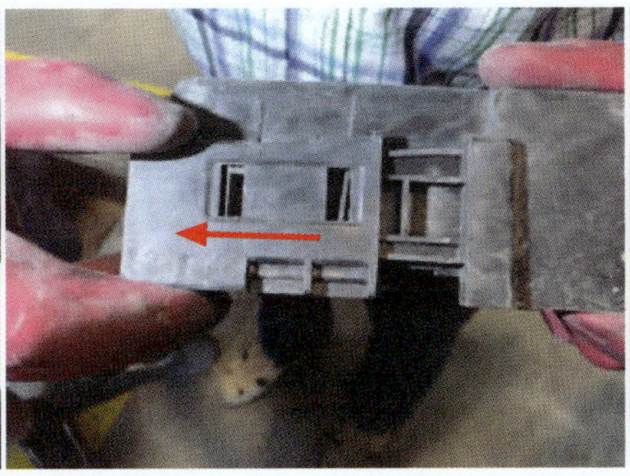

Para retirar la tapa de protección, hay que deslizar un seguro que libera las pestañas de sujección de la tapa y estirar de ésta.

Para extraer el conector debemos presionar ligeramente sobre la pestaña de bloqueo, girar 90 grados la anilla y estirar hacia afuera del conector.

Tal como se ha explicado en el apartado de medidas de seguridad, el conector de servicio hay que guardarlo en un lugar seguro, protegido con llave para que ninguna persona no autorizada lo vuelva a conectar. También existen tapones de bloqueo con un candado que impiden la manipulación en el orificio del conector de servicio.

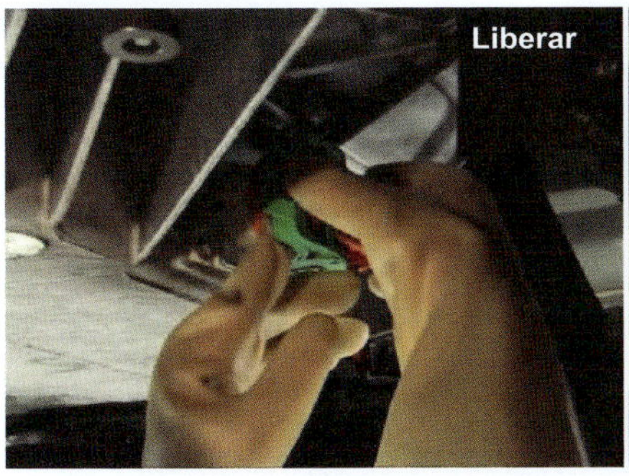

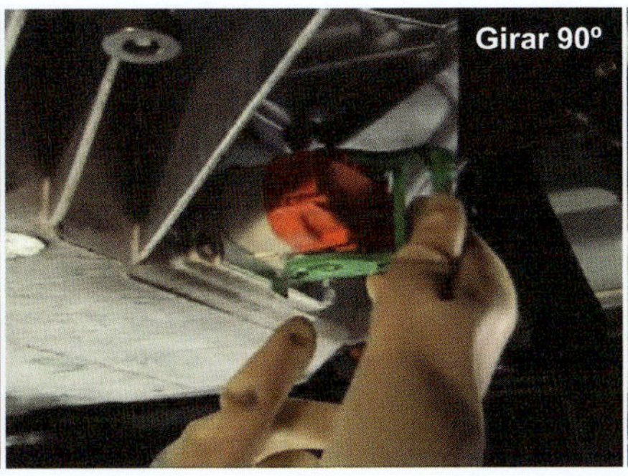

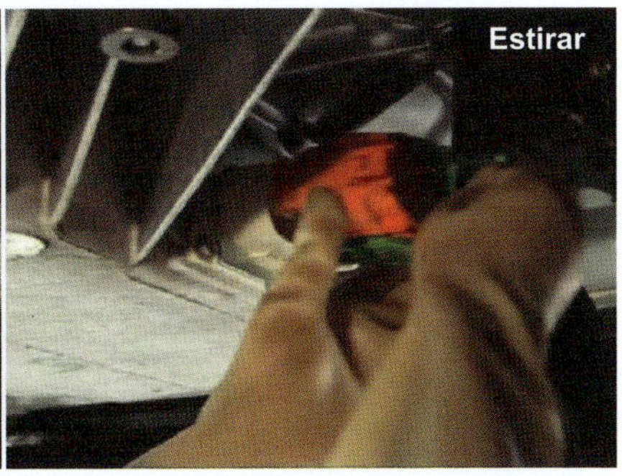

DESCONEXIÓN DE LAS BATERÍAS DE ALTA TENSIÓN

CONECTORES DE SERVICIO PARA LA DESCONEXIÓN DE LA BATERÍA DE HV

MODELO 3 Nissan

Está situado en el piso del vehículo en el compartimento habitáculo. En el Nissan Leaf se accede desde las puertas traseras, se encuentra en la zona central protegido con una tapa de plástico y después con una tapa metálica atornillada.

En la furgoneta e-NV200 se accede desde la parte delantera, se encuentra en el piso , en la consola central, hay que desmontar el portaobjetos y una tapa metálica atornillada.

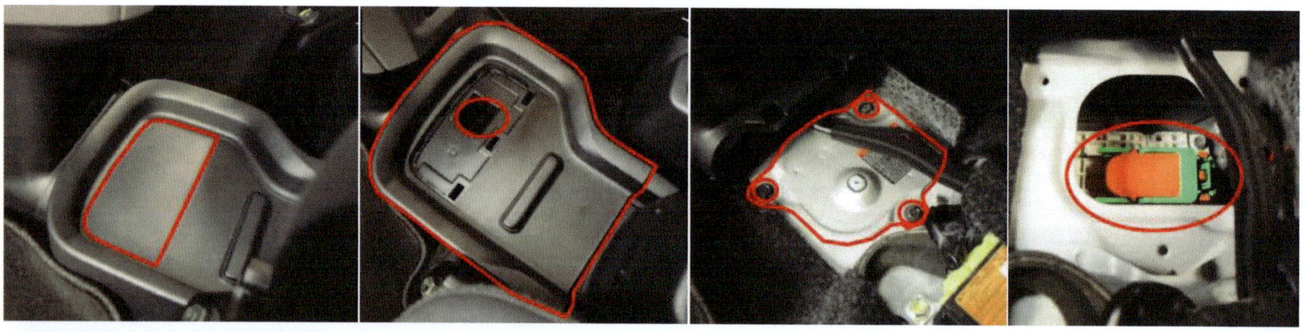

PROCEDIMIENTO DE EXTRACCIÓN

Recordemos que sólo un operario formado como Técnico en Alta Tensión (HVT) puede realizar el trabajo de desconexión del conector de servicio.

Una vez sacada la tapa atornillada. Con guantes aislantes y protección ocular, se puede acceder al conector de servicio.

Hay que tirar hacia arriba para girar la anilla unos 45º. Después liberar el seguro y girar hasta 90º. A continuación estirar del conector para extraerlo.

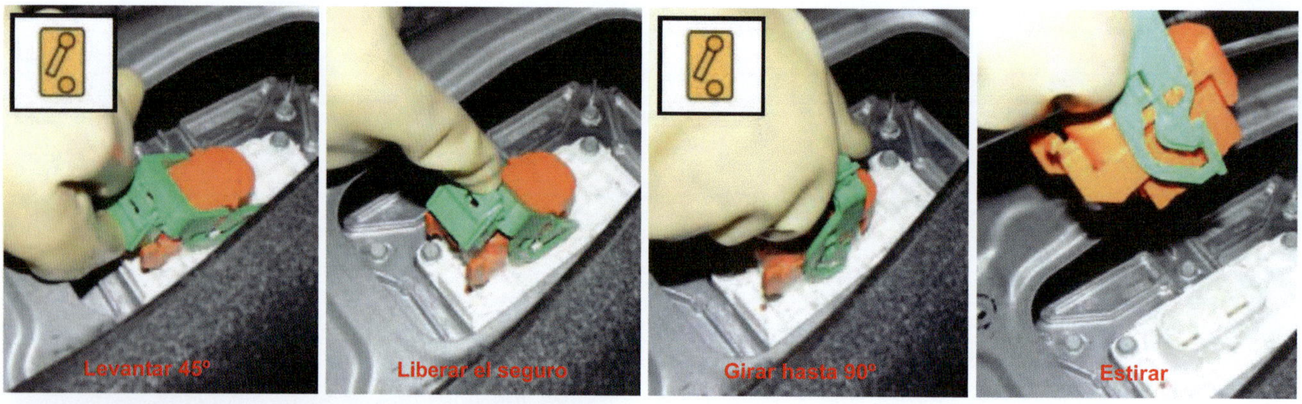

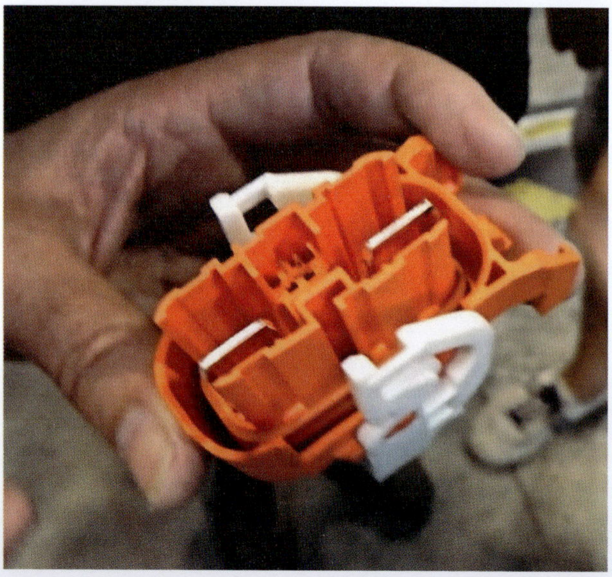

Es similar a los explicados anteriormente, con dos terminales gruesos para la desconexión por la mitad de la batería de alta tensión y un puente para la desconexión de la línea piloto.

El desconectador de Nissan no incorpora el fusible de alta tensión, éste se encuentra en el conversor-inversor.

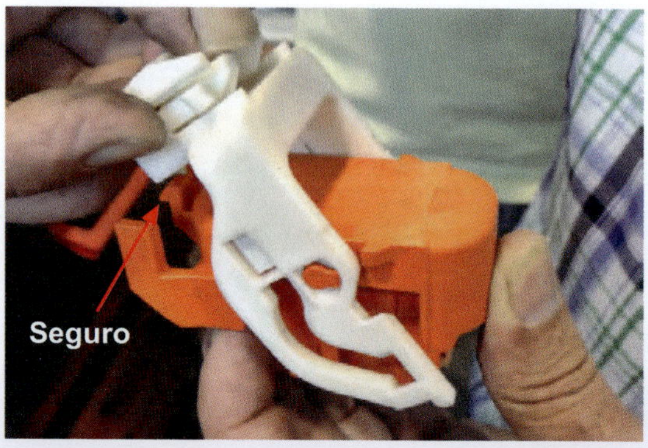

DESCONEXIÓN DE LAS BATERÍAS DE ALTA TENSIÓN

DESCONEXIÓN DE LA LÍNEA PILOTO MEDIANTE EL CONECTOR DE SERVICIO

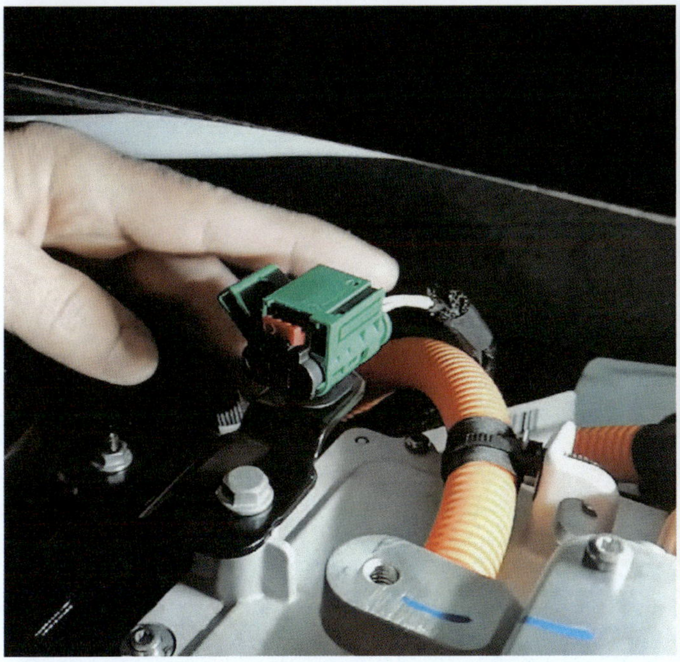

En otros modelos de vehículos eléctricos más actuales, la desconexión del sistema de alto voltaje no se realiza desacoplando el conector naranja situado en la batería de alto voltaje, ya que no dispone de este tipo de conector de servicio.

El sistema de desconexión es nuevo y diferente de los utilizados en modelos anteriores. Dispone de un conector de servicio de color verde situado en el compartimento motor. Este conector alimenta con 12 voltios a la Unidad de Control para la regulación de la batería (BMS) e indirectamente a los contactores de potencia de la batería de alto voltaje. También forma parte de la línea piloto de seguridad.

Para abrir el conector de servicio, hay que desbloquear el sistema de seguridad y estirar de la zona de color negro. Una vez abierto, hay que colocar un candado de seguridad para evitar la conexión accidental por cualquier operario.

Una vez abierto, se corta la línea de seguridad y se interrumpe la alimentación del circuito de control de 12 voltios para los contactores de potencia del positivo y del negativo de la batería de alta tensión.

El conector de servicio se utiliza para establecer el estado sin tensión del sistema de alto voltaje. Para realizar la apertura y el establecimiento sin tensión de forma profesionalmente correcta, es necesario entrar con máquina de diagnóstico y seguir los pasos indicados.

Una vez desconectado, se puede verificar el estado sin tensión a través de diagnóstico. En el cuadro de instrumentos sale una indicación de desconexión del sistema de alto voltaje.

No obstante antes de manipular cualquier componente de alta tensión, es imprescindible verificar manualmente con el instrumental de seguridad adecuado la ausencia de tensión en la entrada de la batería hacia el módulo electrónico de potencia y señalizar el estado sin tensión del vehículo.

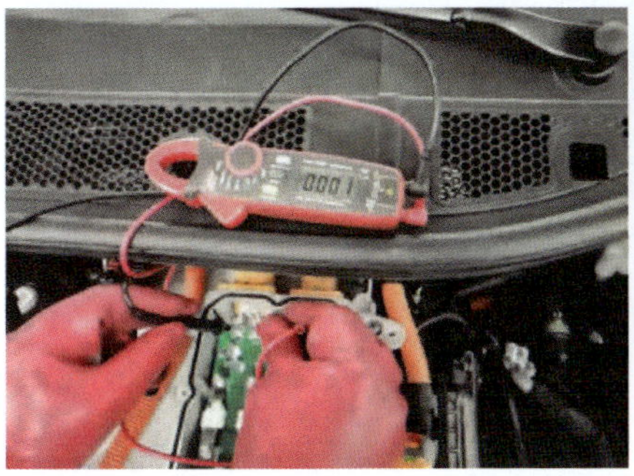

Comprobación de la ausencia de tensión en los terminales de la batería.

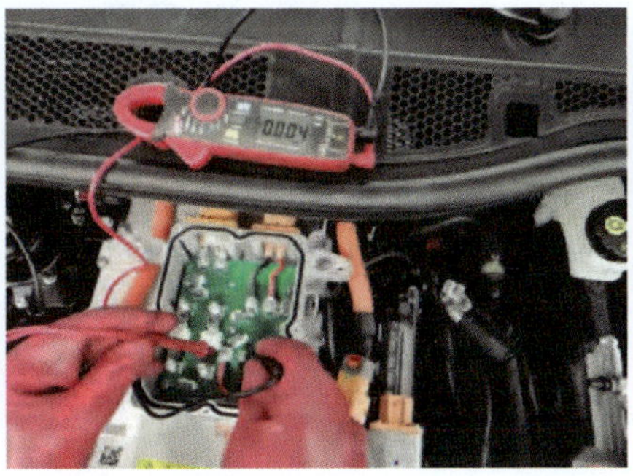

Comprobación de la ausencia de tensión en los terminales del compresor.

Comprobación de la ausencia de tensión en los terminales de la calefacción.

DIAGNÓSTICO DE LAS BATERÍAS DE ALTA TENSIÓN

CONEXIONADO INTERNO DE LA BATERÍA DE ALTA TENSIÓN

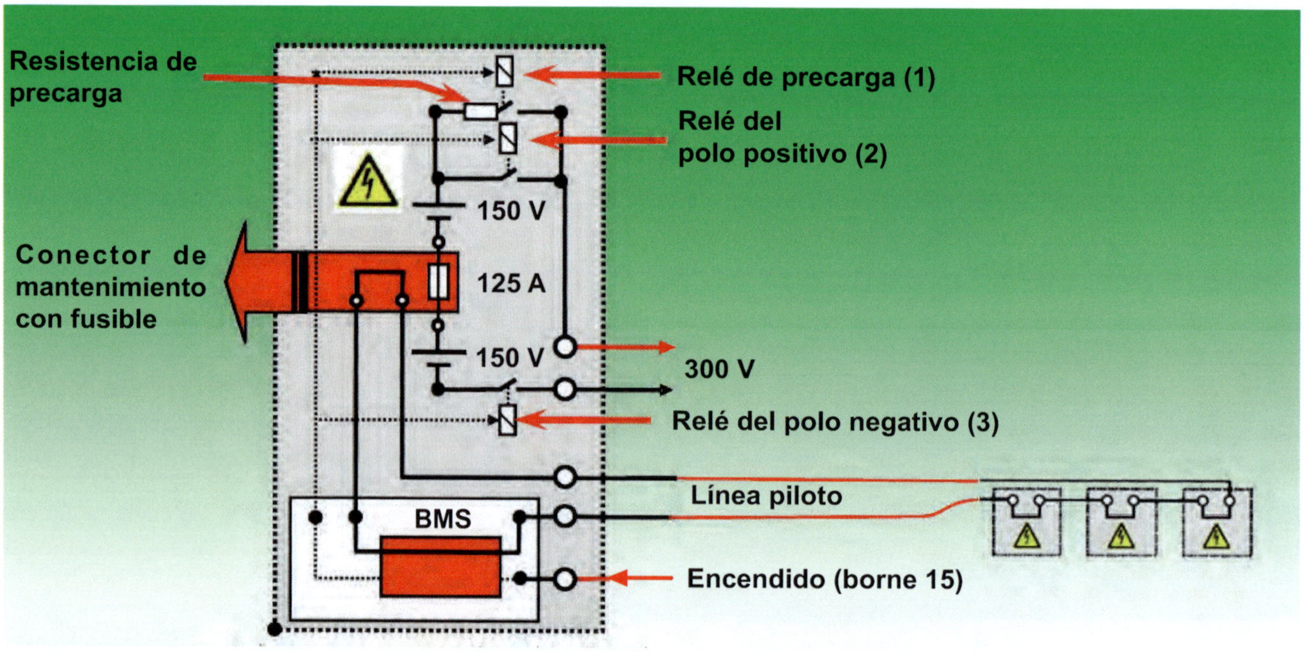

UNIDAD DE CONTROL DE LA BATERÍA (BMS)

Efectúa el control de monitorización para controlar las condiciones de la batería de alta tensión y en las que tienen sistema de refrigeración, controla su funcionamiento para mantener la batería a una temperatura predeterminada. Recordar que el margen de trabajo se sitúa entre los -25ºC y +55ºC. Las baterías que no disponen de sistema de refrigeración, entran en fase de emergencia cuando la temperatura asciende peligrosamente o incluso pueden detener el vehículo.

La UCE de la batería detecta el SOC (State Of Charge, Estado de Carga) y mantiene la carga entre el 30% y el 70%. Además controla la temperatura, las fugas y la tensión total y parcial en cada celda de la batería. Esta información es enviada a la Unidad de Control del vehículo eléctrico y puede ser consultada mediante el sistema de diagnóstico.

La UCE de la batería detecta la temperatura de cada celda de la batería mediante varios sensores colocados en los módulos de la batería de HV.

Si dispone de sistema de refrigeración, activa éste cuando es necesario y si no, reduce la potencia o para el vehículo segun la gravedad.

CONTROL DE LOS RELÉS PRINCIPALES DEL SISTEMA

En el compartimento de la batería se ubican tres relés que conectan y desconectan la alimentación del circuito de alta tensión entre la batería y el conjunto inversor. Normalmente son gobernados por la BMS. Se utilizan tres relés, uno para el lado negativo de la batería y dos para el lado positivo para asegurar las operaciones correctas.

Al dar al contacto, se activa el relé de precarga (1) y el relé de negativo (3). El relé de precarga (1) dispone de una resistencia en serie, que tiene la misión de proteger la instalación de alta tensión contra los daños que pudiera ocasionar un aumento brusco de la corriente. Más tarde se activa el relé de positivo (2) y se desactiva el relé de precarga (1). Es decir, en condiciones normales, la corriente entre la batería y el inversor se establece por el relé de positivo (2) y de negativo (3).

Cuando se desconecta el encendido se desactivan primero el relé de positivo (2) y a continuación el de negativo (3). La BMS verifica que los relés han sido correctamente desactivados y puede determinar si el relé de precarga (1) está atascado.

Estos relés también ejecutan la desconexión en caso de colisión si reciben la información de la activación del airbag o se interrumpe la línea piloto en algún punto.

En caso de activación del airbag, el vehículo queda inmovilizado y para rearmar el sistema es necesario utilizar la máquina de diagnóstico. Si sólo saltan los pretensores, se suele rearmar el sistema desconectando y conectando el encendido.

DIAGNÓSTICO DE LAS BATERÍAS DE ALTA TENSIÓN

DIAGNÓSTICO Y VERIFICACIÓN DE LAS BATERÍAS DE ALTA TENSIÓN

Sólo los Técnicos en Alta Tensión (HVT) están autorizados a realizar trabajos de diagnóstico de las baterías de alta tensión.
En caso de necesidad de la sustitución de una batería de alta tensión, sólo un Experto en Alta Tensión (HVE) está autorizado a desmontar la batería del vehículo, embalarla correctamente y enviarla al fabricante o al punto de reciclaje según corresponda.
Al principio ningún fabricante de automóviles permitía abrir la carcasa de una batería de alta tensión en sus talleres. Si la batería estaba averiada, había que desmontarla del vehículo y enviarla a fábrica o al punto de reciclaje determinado por el fabricante del vehículo. Actualmente existen talleres especializados en la reparación de baterías de alta tensión.

DIAGNOSIS EOBD DE LA BATERÍA DE HV

Al igual que los vehículos de combustión, los vehículos eléctricos están obligados a instalar un conector EOBD para realizar las tareas de diagnóstico.
Es la forma más segura, rápida y sencilla de realizar una comprobación del estado de la batería.
Mediante el sistema de diagnóstico EOBD podemos realizar lecturas de:
- Identificación de la batería.
- Averías existentes.
- Parámetros de funcionamiento.
- Prueba de actuadores
- Emitir un informe.

IDENTIFICACIÓN DE LA BATERÍA

Este apartado nos indicará los códigos de la BMS, la denominación del sistema, el número de pieza y hardware, versión de software. etc.

AVERÍAS EXISTENTES

Si existe alguna avería memorizada nos la indicará y una vez resuelta nos permitirá borrar la avería. Las averías pueden estar relacionadas con la Unidad de Control de la batería (BMS), con un problema interno de celdas que obliga a la sustitución completa de la batería, (los fabricantes, actualmente no permiten la reparación de la batería de alta tensión). O por problemas de sobrecalentamiento.
En este último caso, hay que controlar el sistema de refrigeración. Si es por aire, verificar la limpieza de las rejillas de entrada y los ventiladores. En muchos casos están muy sucios por acumulación de pelusas, polvo, pelos...
Si la refrigeración es por líquido, habrá que verificar todo el circuito, el funcionamiento de las bombas y en algunos casos el sistema de aire acondicionado.
Se pueden producir daños irreversibles en las celdas, si la temperatura supera los 70ºC.

PARÁMETROS DE FUNCIONAMIENTO

Éste suele ser un campo muy extenso en el que podemos comprobar en tiempo real todas las condiciones de funcionamiento de la batería. Los datos que normalmente podemos analizar son:
- Batería de alto voltaje solicitud de refrigeración (si dispone).
- Bomba para líquido refrigerante de la batería de alto voltaje. Valor efectivo de régimen.
- Bomba para líquido refrigerante de la batería de alto voltaje. Valor teórico de potencia en %.
- Bomba para líquido refrigerante de la batería de alto voltaje. Estado, On-Off
- Voltaje de la batería de alta tensión. Ha de indicar la tensión nominal.
- Estado de carga, SOC, ha de indicar superior al 40%, si no es así hay que cargarla.
- Voltaje por celda. Es muy importante que todas las celdas indiquen valores homogéneos. Dependiendo de la batería y de los bloques medidos, la diferencia máxima de lectura de voltaje debe ser inferior a 0,4 voltios. Si algún valor difiere mucho de los restantes, es indicativo de un defecto en alguna celda y hasta hace poco tiempo, implicaba la sustitución de la batería completa. (Están empezando a surgir empresas que reparan baterías, aunque algunos fabricantes no lo permiten).

DIAGNÓSTICO DE LAS BATERÍAS DE ALTA TENSIÓN

PARÁMETROS DE FUNCIONAMIENTO (continuación)

- Valor de la resistencia interna de cada celda o módulo de batería. La resistencia interna ha de ser pequeña, del orden de miliöhmios. Éste es un factor importante que nos ayuda a determinar el estado general de la batería y si el paso del tiempo ha degradado la materia activa de las celdas. Si algunos valores distan mucho de la media, indicará que la materia activa está degradada o que hay defecto o corrosión en los conectores que enlazan las celdas. Las celdas que tengan un valor de resistencia alto entregarán menos potencia eléctrica en el momento de la demanda, se calentarán en exceso y calentarán a los módulos vecinos. Esta situación producirá una reducción de las prestaciones generales de la batería.
Si son varios los módulos con resistencia alta, posiblemente la mejor opción sea la de sustituir la batería.

- Nivel de carga de las celdas o módulos. Indica el % de carga de cada una de las celdas. Naturalmente todas tienen que indicar el mismo valor. Variaciones superiores al 5%-10% indicaran problemas en la materia activa de las placas o incorrecto balanceo de celdas producido por un defecto de la BMS.

- Valor de temperatura de los módulos de batería. Indica la temperatura de cada módulo. Al igual que las comprobaciones anteriores, los valores han de ser homogéneos. En caso de una temperatura general de la batería muy alta, el problema posiblemente resida en el circuito de refrigeración de la batería de alta tensión. Dependiendo del sistema, si es por aire o por líquido habrá que proceder a la inspección y reparación de lo que proceda en cada caso.
Existen vehículos en los que la batería no dispone de ningún sistema de refrigeración. En estos casos, si se detecta exceso de temperatura, se reducen las prestaciones del vehículo o se detiene por motivos de seguridad.

- Estados de los contactores o relés de conexión de alta tensión. Indica el accionamiento o no de los relés. En condiciones normales, han de estar conectados el relé de positivo y el de negativo y desconectado el relé de precarga.

- Tensión anterior y posterior de los contactores de alta tensión. Ha de indicar el mismo valor. En caso contrario, indicará resistencias de contacto de los relés y naturalmente habrá que sustituirlos.

- Dependiendo del vehículo pueden haber mas parámetros, como estado del borne 15, límites de corriente de carga o descarga, activación de los testigos de advertencia amarillo o rojo, etc. Pero los expuestos son los más importantes.

PRUEBA DE ACTUADORES

- La prueba de actuadores de la batería de alta tensión suele estar relacionada con el circuito de refrigeración de la batería, acionamiento de los ventiladores o bombas de refrigeración.
- Puede permitir la conexión-desconexión de los relés de alta tensión.
- En algunos casos, se puede descargar al máximo la batería para cuando es necesario el desmontaje del vehículo.
- En determinadas marcas, para el establecimiento sin tensión del vehículo, hay que entrar con máquina de diagnóstico y el programa nos va guiando sobre el protocolo a seguir. Para pasar a la siguiente acción es necesario confirmar que se ha realizado la anterior. Si no se siguen escrupulosamente las instrucciones, el programa no te permite continuar.

EMITIR UN INFORME

Determinadas máquinas de diagnóstico permiten emitir un informe en el que se reflejan todos los datos que se pueden analizar en el vehículo en prueba.
- Identificación.
- Averías
- Parámetros

DIAGNÓSTICO DE LAS BATERÍAS DE ALTA TENSIÓN

DIAGNOSTICO DE LAS BATERÍAS DE ALTA TENSIÓN POR MÉTODOS: ÓPTICOS, TÉRMICOS Y FUNCIONALES.

Tal como hemos indicado, la forma más segura y fiable de comprobar una batería de alta tensión, es utilizando una máquina de diagnóstico y analizando los datos obtenidos.
Tras el diagnóstico podemos determinar que la batería está:

Correcta: no necesita ninguna acción especial.

Dañada: estado crítico y es necesario tomar medidas adicionales.

Averiada: estado peligroso y es necesario avisar a un experto HVE

Pero puede suceder que la BMS no responda por avería crítica y no sea posible el diagnóstico EOBD. En este caso, un Técnico en Alta Tensión (HVT) tendrá que revisar el estado de la batería por observación visual y tomando medidas de temperatura.

OBSERVACIÓN VISUAL DE LA BATERÍA DE HV

- Comprobación de lo relativo a indicios de incendio.
- Comprobación de lo relativo a deformaciones mecánicas: abolladuras, carcasa abierta, piezas reventadas o dobladas.
- Comprobación de lo relativo de humedad, presencia de agua, derrame de electrólito.

Cortesía de Renault. © Renault

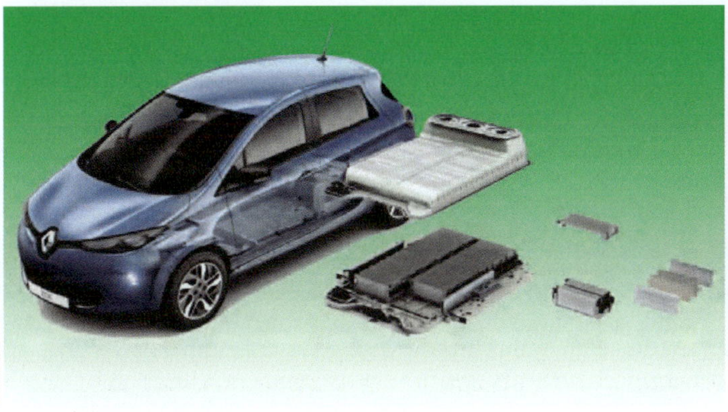

Las carcasas de protección han de presentar un estado impecable y en los bajos no se deben apreciar síntomas de pérdidas de electrólito, humedades o golpes.

MEDIDAS DE TEMPERATURA

- Síntomas de calentamiento de la batería de alto voltaje.
- Alteraciones del color de la carcasa de la batería de alta tensión.
- Plásticos de protección o de alrededor de la batería de alta tensión deformados.

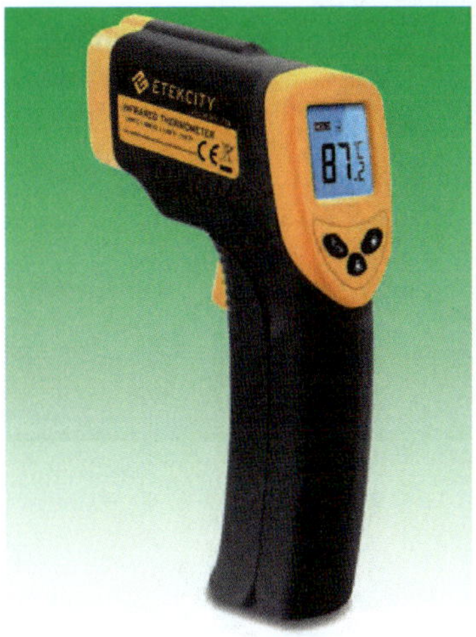

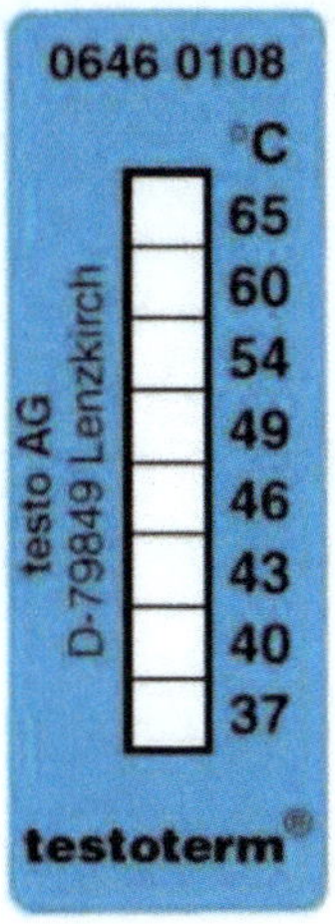

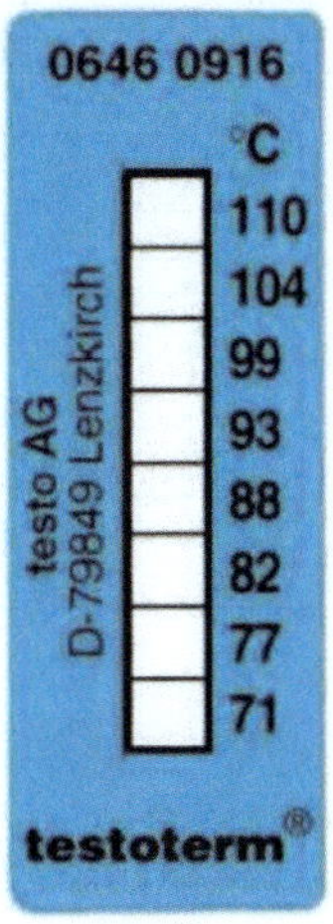

Si a nivel funcional no es posible efectuar la lectura de temperatura de la batería de alta tensión, por ejemplo debido a una avería de la BMS que impida la comunicación con la máquina de diagnóstico, se puede medir la temperatura utilizando otros medios.
Para un valor puntual, se puede utilizar un termómetro láser.
Para medidas durante largo tiempo o en funcionamiento, se pueden utilizar tiras autoadhesivas de medida de temperatura.

DIAGNÓSTICO DE LAS BATERÍAS DE ALTA TENSIÓN

MEDIDA DE TEMPERATURA CON INDICADORES AUTOADHESIVOS

- Son tiras que hay que pegar en varios sitios de la carcasa de la batería de alta tensión. Indican la temperatura máxima alcanzada mediante el cambio de color de la ventanilla de indicación.
- Estas tiras nos permiten conocer la temperatura máxima que ha alcanzado la batería de alta tensión.
- El cambio de color de las tiras es irreversible.
- Si la temperatura de la batería es superior a 60ºC, medido con un termómetro láser, hay que poner el vehículo en cuarentena y avisar el Experto en Alta Tensión (HVE).
- Antes de colocar las tiras de medida de temperatura hay que limpiar con un paño seco la zona de la carcasa donde vayan a colocarse las tiras autoadhesivas.
- Las tiras indicadoras no deben exponerse a la luz solar directa que falsearía la lectura.
- La batería de alta tensión no debe exponerse al sol.

En reposo y sin corriente, la temperatura de la batería de alta tensión debe ser aproximadamente igual que la temperatura ambiente.

La batería de alta tensión funciona correctamente al 100%, con temperaturas máximas de hasta 55ºC.

Se pueden producir daños irreversibles en las celdas si la temperatura supera los 70ºC.

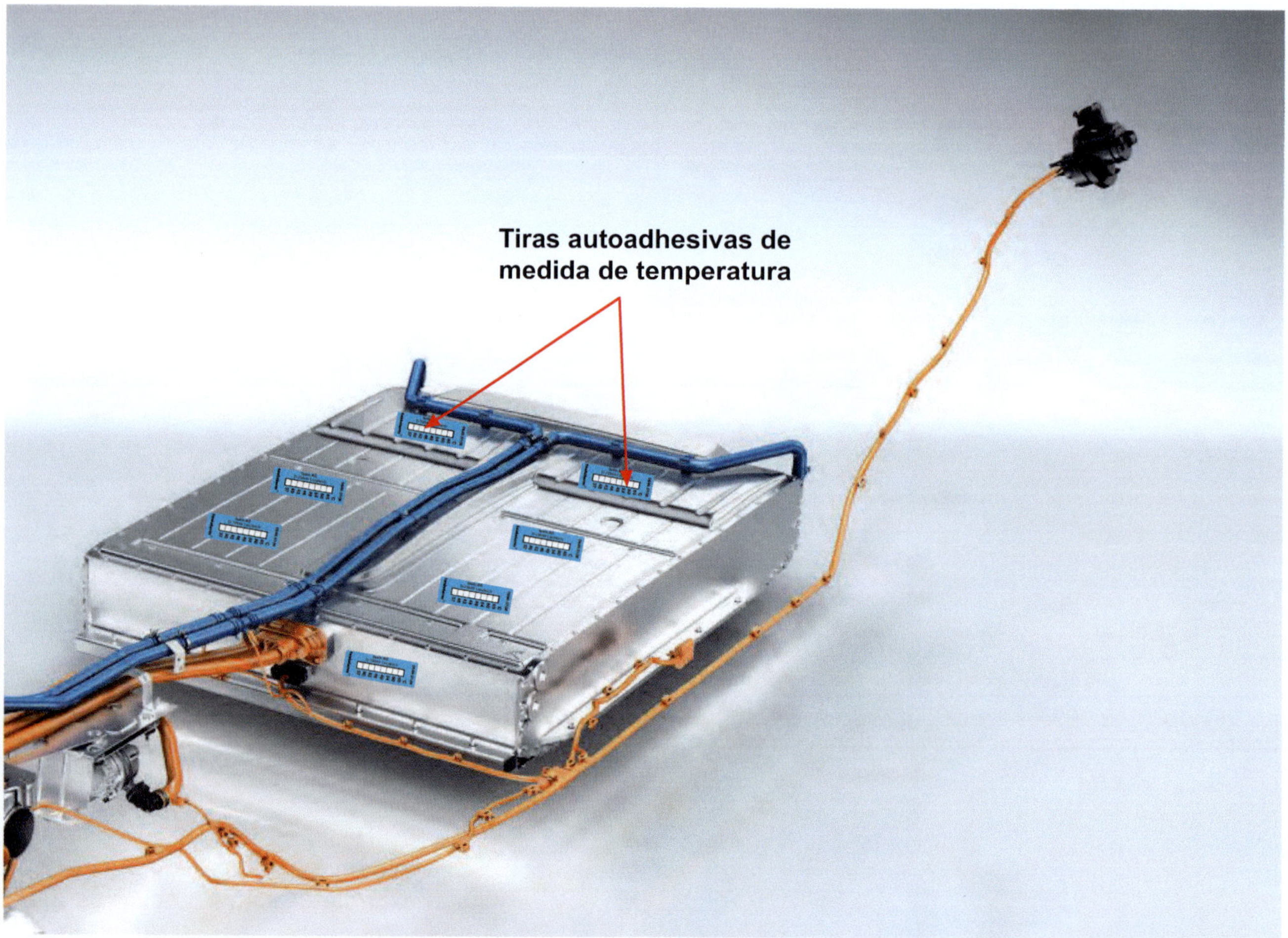

Cortesía de Mercedes. © Mercedes

- Las medidas de temperatura, de una batería de alta tensión que presente dudas sobre su funcionamiento, hay que realizarlas durante cinco días.
- Hay que medir las temperaturas dos veces al día, cada 12 horas aproximadamente.
- Si la temperatura de la batería alcanza o supera los 80ºC hay que avisar al HVE.
- Si las medidas de temperatura no son constantes, hay que alargar el periodo de cuarentena cinco días más.

Las lecturas tomadas, hay que anotarlas en una tabla registro, indicando el día, la hora y la zona donde se ha medido.

CLASIFICACIÓN DE LAS BATERÍAS DE ALTA TENSIÓN

BATERÍA CORRECTA: NO NECESITA NINGUNA ACCIÓN ESPECIAL

EVALUACIÓN ÓPTICA
- La batería no presenta daños mecánicos.
- No hay fugas de líquido.

EVALUACIÓN FUNCIONAL
- Permite el diagnóstico mediante EOBD y no presenta ninguna avería importante.

EVALUACIÓN TÉRMICA
- Los registros de temperatura están dentro de las especificaciones normales.

MEDIDAS PARA LA REPARACIÓN
- No es necesaria ninguna reparación.

MEDIDAS PARA EL ALMACENAMIENTO TEMPORAL O CUARENTENA
- Guardar en una zona interior en su embalaje original.
- Depositar fuera de zonas transitadas.
- No apilar a ras de suelo.
- Almacenamiento máximo 24 horas.

MEDIDAS PARA EL EMBALAJE Y TRANSPORTE
- Se coloca en su embalaje original.
- La embala el Técnico en Alta Tensión HVT.
- El servicio de recambios se encarga de preparar el envío.

BATERÍA DAÑADA ESTADO CRÍTICO: ES NECESARIO TOMAR MEDIDAS ADICIONALES

EVALUACIÓN ÓPTICA
- La batería presenta daños mecánicos.
- Emite un olor penetrante.

EVALUACIÓN FUNCIONAL
- Permite el diagnóstico mediante EOBD pero presenta averías importantes respecto a la tensión de celdas o a la temperatura.

EVALUACIÓN TÉRMICA
- La temperatura de la superficie ha superado el margen de tolerancia siendo superior a 80ºC.

MEDIDAS PARA LA REPARACIÓN
- No se deben reparar los daños ópticos ni térmicos.
- Los daños funcionales se pueden reparar en función de la magnitud. Si mediante diagnóstico se pueden borrar las averías.
- Si la reparación ha sido posible, se pasa a la clasificación verde y no se necesita ninguna acción especial.

MEDIDAS PARA EL ALMACENAMIENTO TEMPORAL O CUARENTENA
- Guardar en una zona de cuarentena exterior.
- Mantenerla en el interior del vehículo.
- El mismo día del transporte, se desmonta del vehículo y se deposita en un embalaje especial. Este trabajo ha de ser realizado por un Experto en Alta Tensión HVE ayudado por un Técnico en Alta Tensión HVT.

MEDIDAS PARA EL EMBALAJE Y TRANSPORTE
- Es necesario un embalaje especial.
- La embala el Experto en Alta Tensión HVE.
- El servicio de recambios se encarga de preparar el envío a fábrica o al centro de reciclaje.

CLASIFICACIÓN DE LAS BATERÍAS DE ALTA TENSIÓN

BATERÍA AVERIADA ESTADO PELIGOSO: ES NECESARIO AVISAR A UN HVE

EVALUACIÓN ÓPTICA
- Salida de líquido.
- Olor penetrante por fuga de electrólito
- Daño mecánico con contactos abiertos y accesibles.
- Síntomas de incendio, salto de chispas.
- Salida de humo o vapor.
- Ruido de siseo o chisporroteo.

EVALUACIÓN FUNCIONAL
- No es posible el diagnóstico mediante EOBD. La Unidad de Control de la Batería (BMS) no responde.

EVALUACIÓN TÉRMICA
- La temperatura de la superficie ha superado el margen de tolerancia siendo superior a 80ºC.

MEDIDAS PARA LA REPARACIÓN
- No se deben reparar los daños ópticos ni térmicos.
- Llamar a los bomberos.
- Si es posible situar en una zona exterior en cuarentena.
- Si puede mantenerse en cuarentena, pasa a nivel amarillo, estado crítico.

MEDIDAS PARA EL ALMACENAMIENTO TEMPORAL O CUARENTENA
- Guardar en una zona de cuarentena exterior.
- Mantenerla en el interior del vehículo.
- Si es posible mantener el nivel amarillo, el mismo día del transporte, se desmonta del vehículo y se deposita en un embalaje especial. Este trabajo ha de ser realizado por un Experto en Alta Tensión HVE ayudado por un Técnico en Alta Tensión HVT.

MEDIDAS PARA EL EMBALAJE Y TRANSPORTE DE BATERÍAS EN ESTADO CRÍTICO
- Es necesario un embalaje especial.
- La embala el Experto en Alta Tensión HVE.
- El servicio de recambios se encarga de preparar el envío a fábrica o al centro de reciclaje.
- Se puede utilizar una caja de madera de un sólo uso o un contenedor metálico de varios usos.

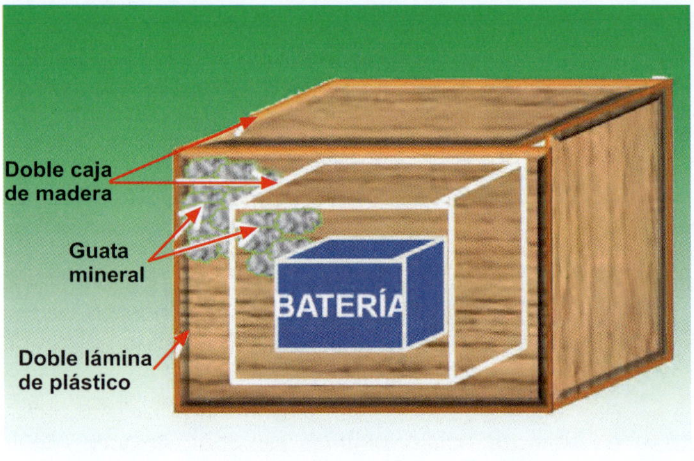

EMBALAJE DE MADERA
- De un sólo uso.
- Caja dentro de otra caja.
- Aislamiento y absorción de electrólito con guata mineral.
- Barrera de gas mediante doble lámina plástica.

CONTENEDOR METÁLICO
- Varios usos.
- Aislamiento con fire bubbles, (un gel ignífugo que evita el incendio de la batería).
- Absorción de electrólito mediante fire bubbles.
- Recipiente de acero estanco al gas con válvulas de descarga de presión.

REPARACIÓN DE BATERÍAS DE ALTA TENSIÓN

Actualmente, pocos fabricantes de automóviles o de baterías suministran recambios para la reparación de baterías de alta tensión.
La mayoría de fabricantes de automóviles eléctricos prohiben explícitamente abrir la carcasa de la batería de alta tensión en sus talleres. En caso de avería, la consigna es enviarla a fábrica o al centro de reciclaje.

REPARACIÓN DE BATERÍAS POR EMPRESAS EXTERNAS

Existen empresas ajenas al fabricante que se dedican a la reparación de las baterías de alta tensión y a la venta de recambios necesarios para la reparación. (Celdas, conectores, puentes, aislantes, etc.).
Actualmente, podemos encontrar sin problemas baterías de alta tensión reparadas de los modelos híbridos de Toyota que son los que más tiempo llevan en el mercado. Los fabricantes suelen dar una garantía de la batería de alta tensión que ronda los 8 años. Una vez agotado el periodo de garantía, en caso de avería, el fabricante del vehículo sólo da opción de cambiarla por otra nueva.
Si se dispone de medios, formación y equipos de protección adecuados, las baterías de alta tensión son reparables y como en cualquier campo donde puede haber negocio, cada vez serán más los modelos de baterías que se vendan reparadas y recambios para su reparación.

DESMONTAJE DE LA BATERÍA DE ALTA TENSIÓN DEL VEHÍCULO

Para que la batería quede los más descargada posible, circularemos con el vehículo hasta que quede poca autonomía. Después en el taller podemos gastar más batería encendiendo las luces, conectando el aire acondicionado, etc. hasta que el indicador del vehículo indique el 0% de carga.
Sabemos que esta información no es real, la batería aún mantiene un 30% de carga y por tanto es peligrosa.
A continuación hay que establecer el estado sin tensión del vehículo siguiendo escrupulosamente el protocolo indicado en la página 42 de este manual.
A partir de aquí, hay que desconectar los cables de salida de alta tensión y con herramientas aisladas, desmontar los tornillos que sujetan la batería. Suelen ser bastante pesadas, por tanto hay que disponer de plataformas o grúas adecuadas.

La colocaremos en un banco de trabajo de madera y procederemos a abrir las carcasas. Siempre con guantes, herramientas aislantes y protección ocular.

La primera comprobación será visual. Hay que observar que no haya ninguna celda deformada , rota o hinchada. También miraremos el estado de las conexiones, no están sulfatadas y están correctamente apretadas.
Después comprobaremos la tensión de cada uno de los módulos. Ha de haber aproximadamente la misma tensión en todos. Una celda defectuosa de las baterías de Niquel-Metalhidruro bajará la tensión del módulo 1,2 voltios y en las baterías de Litio la bajada será de 3,7 voltios.

DEFECTUOSA **BIEN**

REPARACIÓIN DE BATERÍAS DE ALTA TENSIÓN

CONECTORES Y TERMINALES OXIDADOS O SULFATADOS

En los vehículos que circulan cerca del mar o en zonas con humedad relativa muy alta, es normal que encontremos los terminales oxidados o sulfatados por efecto de la humedad.

Este efecto puede aumentar la resistencia interna de la batería y provocar defectos de funcionamiento. En este caso hay que limpiar o sustituir los puentes de conexión y las tuercas de sujección. Para la limpieza podemos utilizar algún producto antióxido y un cepillo. Pero si la corrosión es muy profunda, lo ideal es sustituir los elementos.

PUENTES, CONECTORES Y TUERCAS EN MAL ESTADO

CONEXIONES CORRECTAS

ZONAS POTENCIALMENTE PELIGROSAS

Extremar las precauciones y trabajar siempre con herramientas y guantes aislantes y con protección ocular.

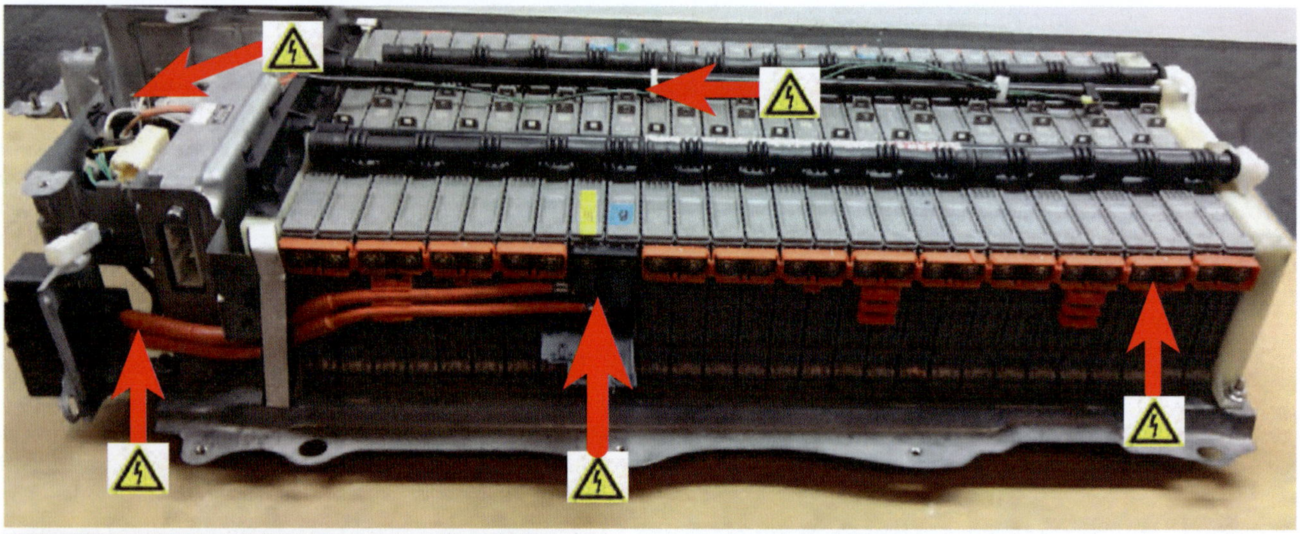

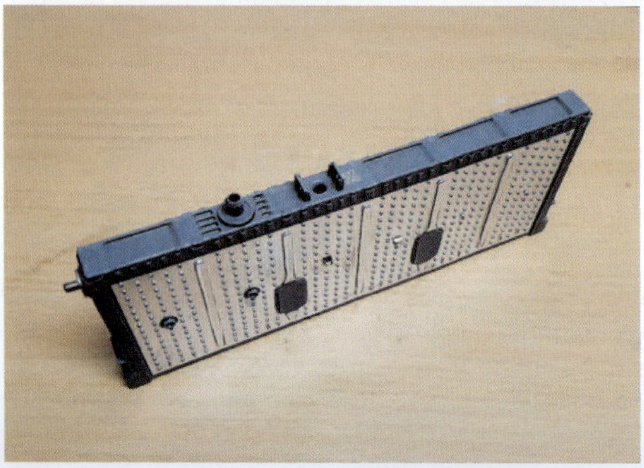

En el mercado paralelo es fácil encontrar módulos de batería, puentes de conexión, regletas, terminales, etc de las baterías de alta tensión de Toyota.

De los demás fabricantes, actualmente no hay suficientes recambios, pero cuando se pasen los periodos de garantía, seguro que se dispondrá de material reparado.

SI no se tiene la formación adecuada, las herramientas necesarias y el espacio adecuado. No se deben manipular las baterías de alta tensión. EXISTE RIESGO DE MUERTE.

CARACTERÍSTICAS DE LAS MÁQUINAS ELÉCTRICAS

Los motores utilizados en los vehículos eléctricos asumen dos funciones principales:
- Proporcionar la energía mecánica necesaria para mover el vehículo.
- Cargar la batería de alta tensión durante las retenciones y frenadas.

Por esta razón es más correcto denominarlos como máquinas eléctricas. En función del vehículo, podemos encontrar entre 1 y 4 máquinas eléctricas.
Los vehículos utilitarios pequeños y furgonetas ligeras suelen tener una sola máquina eléctrica. Los tipo SUV o todoterreno disponen de dos máquinas eléctricas, una para cada eje del vehículo. En los más potentes, se instalan cuatro máquinas eléctricas, una por cada rueda.
La tracción 4x4 se consigue regulando electrónicamente cada uno de los motores-generadores. La carga de la batería de alta tensión en retenciones y frenadas es gestionada por el conversor-inversor.

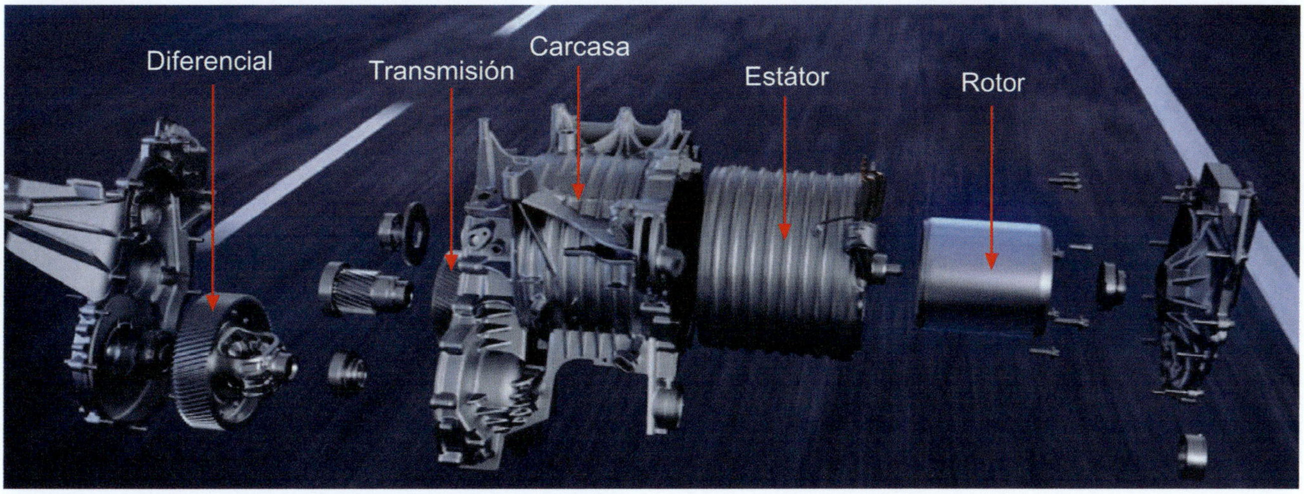

Cortesía de Mercedes. © Mercedes

Cortesía de Opel. © Opel

REQUERIMIENTOS TÉCNICOS DE LOS MOTORES ELÉCTRICOS

- Alta densidad de potencia
- Alta capacidad de sobrecarga (par de arranque)
- Eficiencia superior al 90%
- Amplia gama de velocidades
- Operativo en los cuatro cuadrantes
- Control sencillo
- Bajos niveles de vibración y ruido
- Par constante
- Reducido peso y tamaño
- Pocas variaciones de par
- Alta robustez mecánica y térmica
- Fácil fabricación y mantenimiento
- Coste económico reducido

MOTOR DE MITSUBISHI

Cortesía de Mitsubishi. © Mitsubishi

MOTOR DE FORD

Cortesía de Ford. © Ford

MOTORES DE CORRIENTE CONTINUA

MOTOR DE CORRIENTE CONTINUA CON ESCOBILLAS

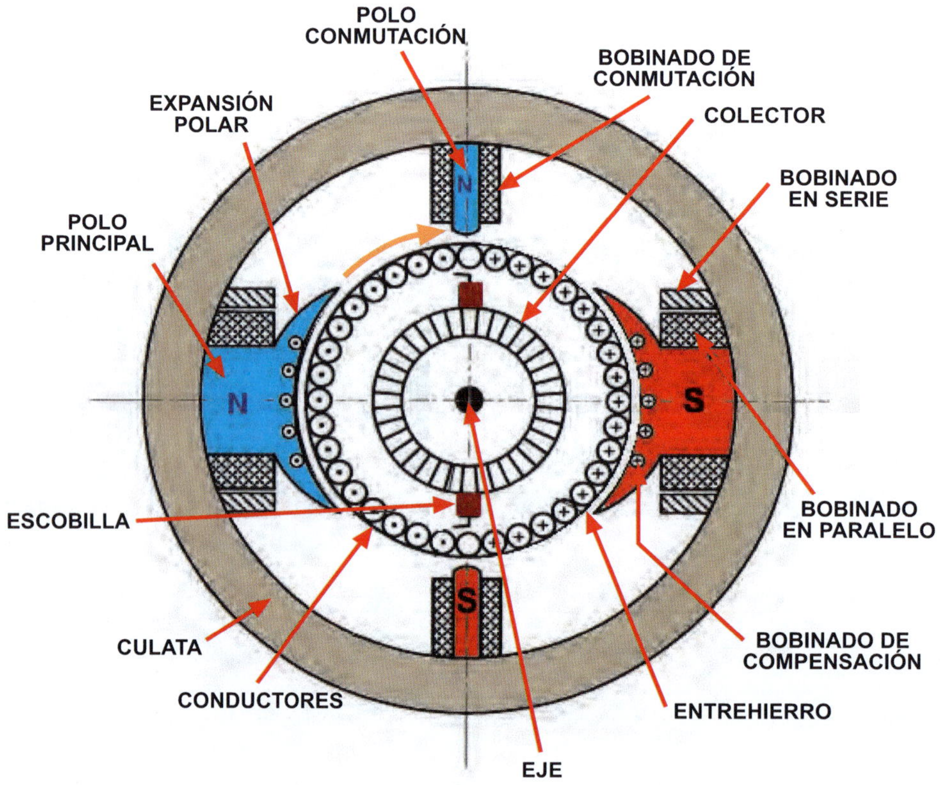

VENTAJAS
- Media-alta densidad de potencia
- Alta capacidad de sobrecarga y par de arranque
- Amplia gama de velocidades
- Opera en los cuatro cuadrantes
- Control sencillo
- Pocas variaciones de par
- Tamaño y peso mediano
- Robusto mecánicamente

INCONVENIENTES
- Baja eficiencia, sobre el 80%
- Nivel medio de ruido y vibraciones
- Baja robustez térmica
- Fabricación y mantenimiento complicado
- Coste económico elevado
- Desgaste mecánico de las escobillas

Los motores de corriente continua con escobillas ya no se utilizan en vehículos de tracción.

MOTOR DE CORRIENTE CONTINUA SIN ESCOBILLAS "BRUSHLESS"

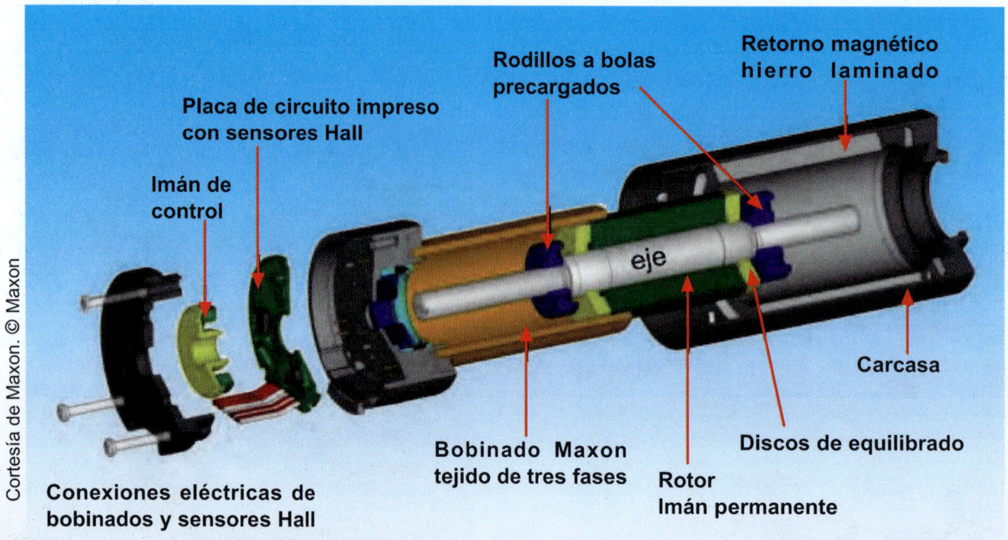

MOTORES DE CORRIENTE CONTINUA

MOTOR DE CORRIENTE CONTINUA SIN ESCOBILLAS "BRUSHLESS"

El diseño es similar a un motor síncrono de corriente alterna. Dispone de tres fases en el estátor e imanes permanentes (normalmente de neodimio) en el rotor.
Existen dos versiones:
- Con el rotor exterior, es decir, la carcasa es la que gira.
- Con el rotor interior, el giro se produce en el eje como en la mayoría de los motores eléctricos.

Estos motores consiguen velocidades de giro más altas que los convencionales, además, tienen una vida más larga y casi están exentos de mantenimiento.
En su interior, no se generan las chispas clásicas sobre las delgas del colector, ya que no tiene colector. Por contra necesita un regulador electrónico y sensores Hall para controlar su funcionamiento. El diseño es algo más complejo pero supera con creces el rendimiento respecto a los motores con escobillas.
Existen versiones sin sensores Hall de posición, el variador conectado al motor monitoriza los impulsos que envía a las bobinas del motor y analiza su comportamiento. Esto tiene el inconveniente que cuando el motor gira a bajas velocidades, no se controla bien su funcionamiento, pero como ventaja tanto el motor como el variador son más económicos.
De momento se utiliza en motores de patinetes eléctricos, bicicletas eléctricas, cars, articulaciones de robots, etc. No es descartable que se utilice como motor de tracción en automóviles.

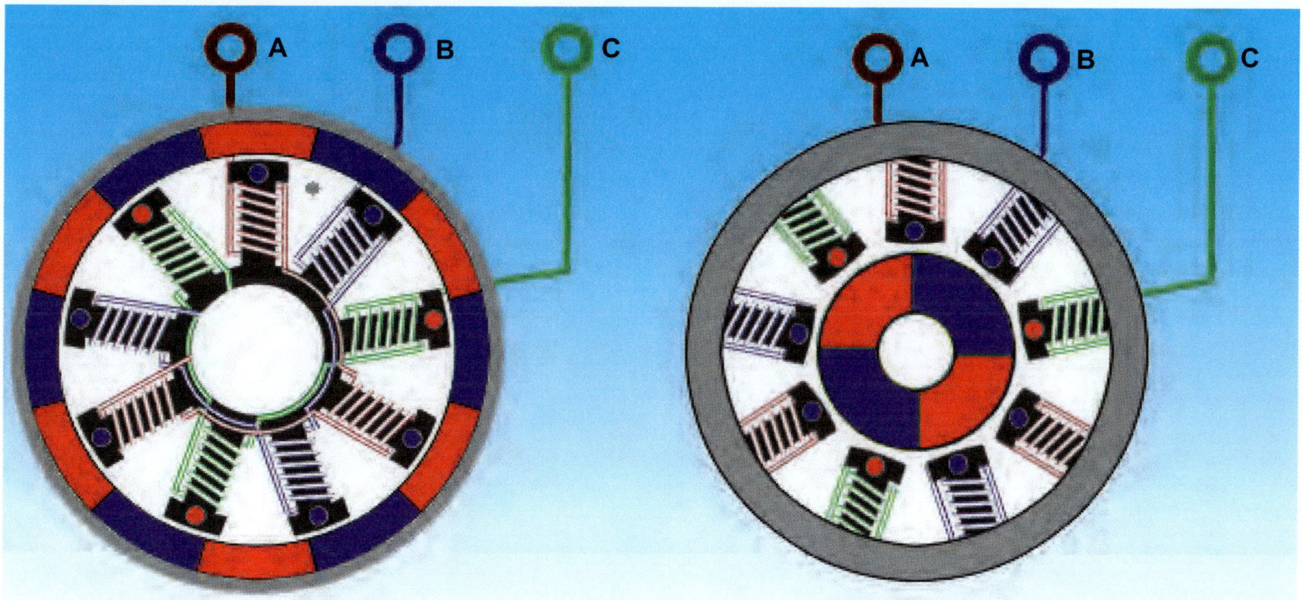

ROTOR EN LA CARCASA

ROTOR EN EL EJE

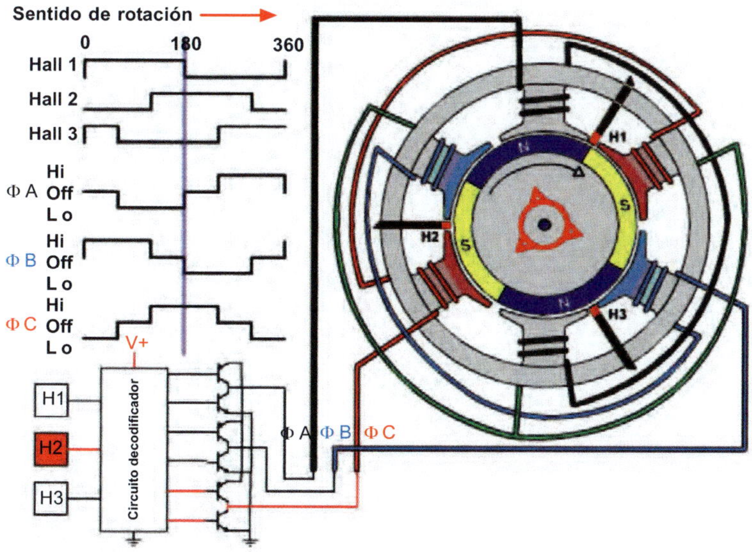

Los sensores Hall (H1, H2 Y H3) informan de la posición exacta del rotor.
Mediante el regulador se puede variar la frecuencia de alimentación de las bobinas (Φ A, Φ B y Φ C) del estátor y en consecuencia se pueden controlar las revoluciones del motor.
Mediante un sofware adecuado se puede programar la respuesta del motor respecto a la activación de un acelerador.

Estos motores también pueden funcionar como generadores de corriente para efectuar la recuperación energética o frenada regenerativa en retenciones y frenadas.

MOTORES-GENERADORES

MOTORES DE CORRIENTE ALTERNA

MOTOR SÍNCRONO

Cortesía de Bosch. © Bosch

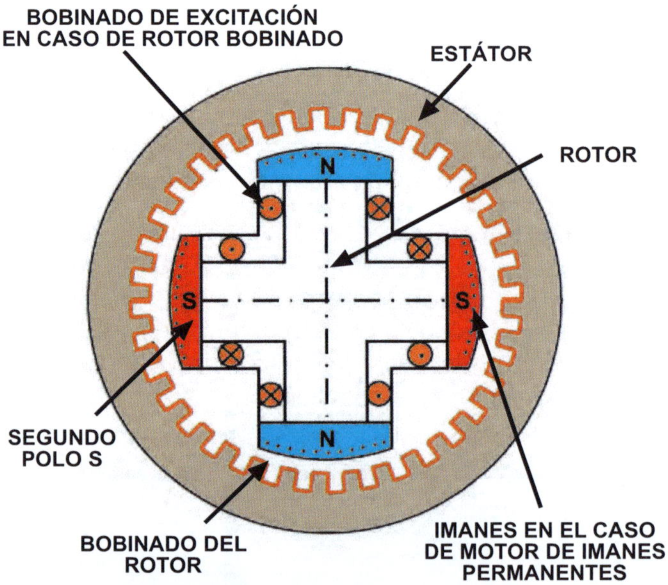

VENTAJAS

- Muy alta densidad de potencia
- Alta capacidad de sobrecarga y par de arranque
- Muy alta eficiencia
- Opera en los cuatro cuadrantes
- Control sencillo
- Nivel bajo de ruido y vibraciones
- Muy pocas variaciones de par
- Tamaño y peso reducido
- Robustez mecánica y térmica
- Fabricación y mantenimiento fácil

INCONVENIENTES

- Baja gama de velocidades
- Coste económico elevado

Son los motores más utilizados en vehículos eléctricos, como motor de tracción gracias a su elevada densidad de par.

GRÁFICAS COMPARATIVAS DE PAR Y POTENCIA ENTRE LOS MOTORES DEL NISSAN LEAF ELÉCTRICO Y CON MOTOR DE GASOLINA 1.6

Gráfica de Par Motor

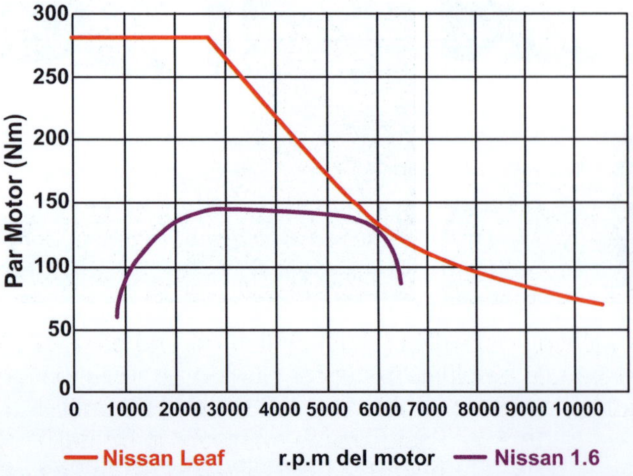

Gráfica de Potencia

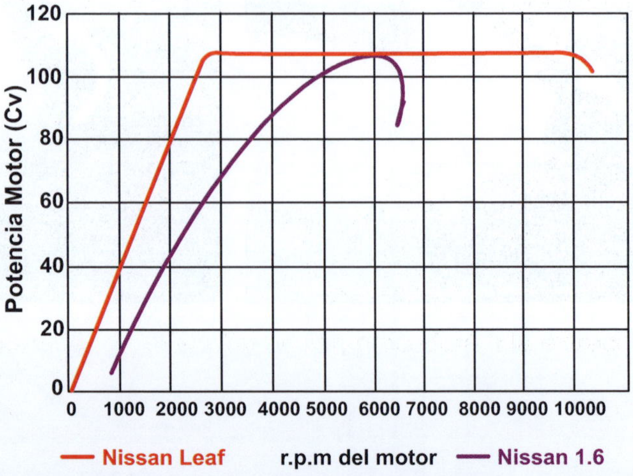

Como puede observarse en las gráficas, los motores eléctricos superan ampliamente a los de combustión, en la entrega de potencia y par, además entregan el par máximo desde la primera revolución.

MOTORES DE CORRIENTE ALTERNA

MOTOR ASÍNCRONO

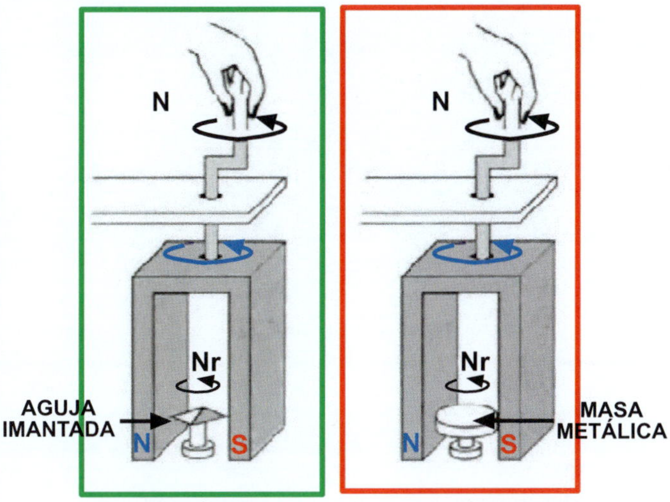

MOTOR SÍNCRONO
Nr = Ns

MOTOR ASÍNCRONO
Nr < Ns

Con la imagen de la derecha podemos explicar la diferencia entre un motor síncrono y otro asíncrono. Para que un motor funcione ha de existir un campo magnético giratorio, es decir un imán artificial que dé vueltas. Esto se hace polarizando alternativamente el estátor.
En el ejemplo de funcionamiento haremos girar un imán permanente. A través de una manivela podemos girar el imán a una velocidad que llamaremos **Ns** (velocidad de sincronismo). Entre los dos polos del imán ponemos dos tipos de rotor, uno formado por una aguja imantada (rotor magnetizado) y en el otro una masa metálica. En los dos casos, al accionar la manivela gira el imán y por tanto el campo magnético. Ésto produce un giro de la parte interior a una velocidad que llamaremos **Nr** (velocidad del rotor). No obstante hay una diferencia fundamental:
- En el caso de la izquierda, la aguja imantada gira a la misma velocidad que el imán exterior. Se cumple la condición que **Nr = Ns.** Es decir, hay sincronismo y por ello le llamamos **motor síncrono.**
- En el caso de la derecha, la masa metálica gira a menos velocidad que el imán exterior. Se cumple la condición que **Nr < Ns.** Es decir, no hay sincronismo y por ello le llamamos **motor asíncrono.**
El principio asíncrono no requiere imanes permanentes, no tiene par de retención y las deformaciones de par de giro son mínimas.

VENTAJAS
- Alta eficiencia
- Amplia gama de velocidades
- Opera en los cuatro cuadrantes
- Control sencillo
- Pocas variaciones de par
- Nivel bajo de ruido y vibraciones
- Muy robusto mecánica y térmicamente
- Fabricación y mantenimiento muy fácil
- Coste económico bajo

INCONVENIENTES
- Baja densidad de potencia
- Mediana capacidad de sobrecarga y bajo par de arranque
- Tamaño y peso mediano

El motor asíncrono se utiliza como motor auxiliar, servodirección, compresor del aire acondicionado, bomba de refrigeración, etc.

MOTORES DE TRACCIÓN

CONJUNTO MOTOPROPULSOR RENAULT DE PRIMERA GENERACIÓN

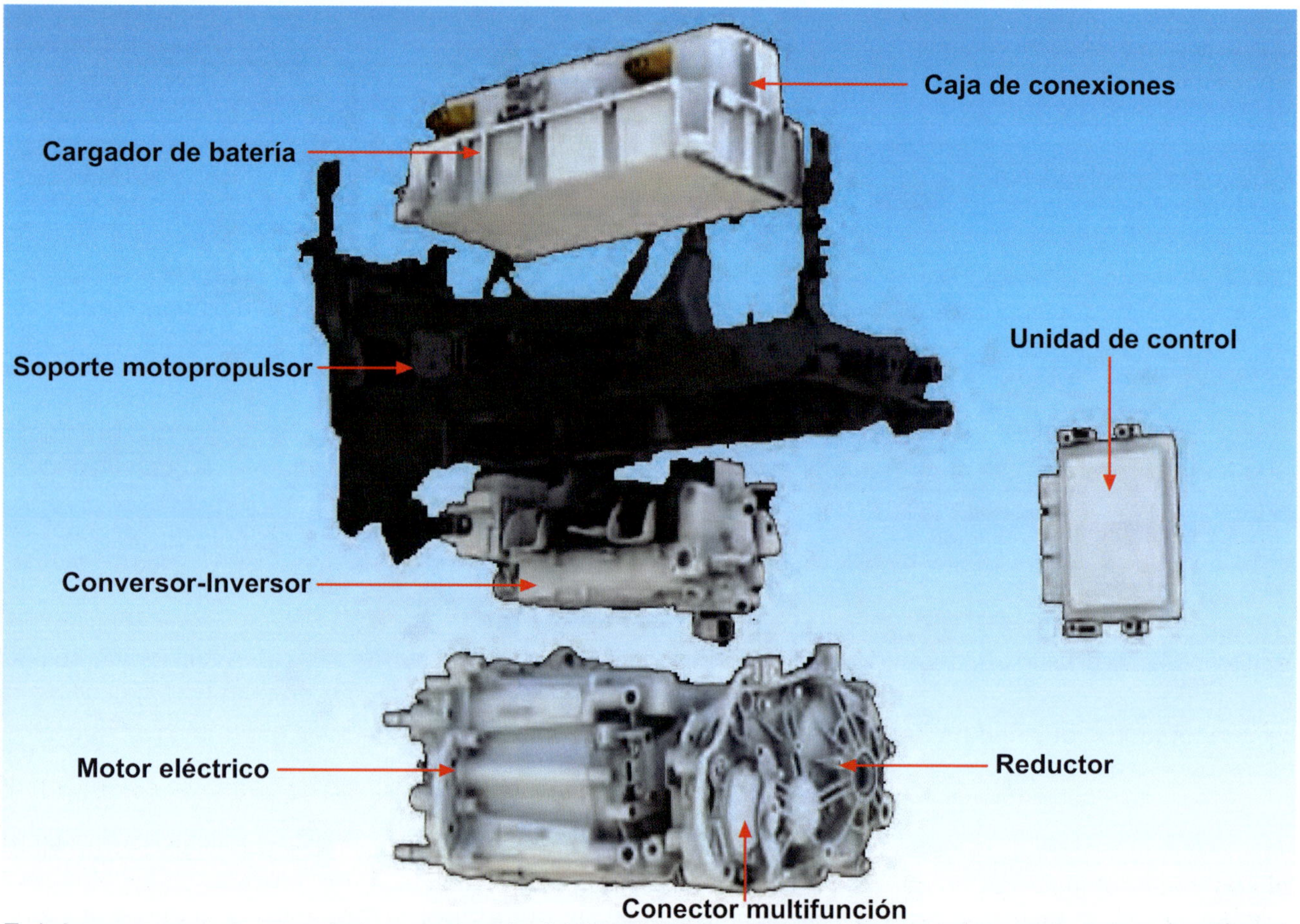

En la imagen se pueden apreciar los componentes básicos del sistema de tracción eléctrico. Además de los componentes de potencia, se necesita una Unidad de Control Electrónica que gestione el funcionamiento del conjunto.

Gracias al par prácticamente plano desde la primera revolución de los motores eléctricos, la caja de cambios suele ser de una sola relación desmultiplicadora.

Actualmente, en los motores de Renault, se ha sustituido el rotor de imanes permanentes por otro inducido con escobillas y la refrigeración es por aire.

MOTORES DE TRACCIÓN

COMPONENTES INTERNOS DEL MOTOPROPULSOR RENAULT

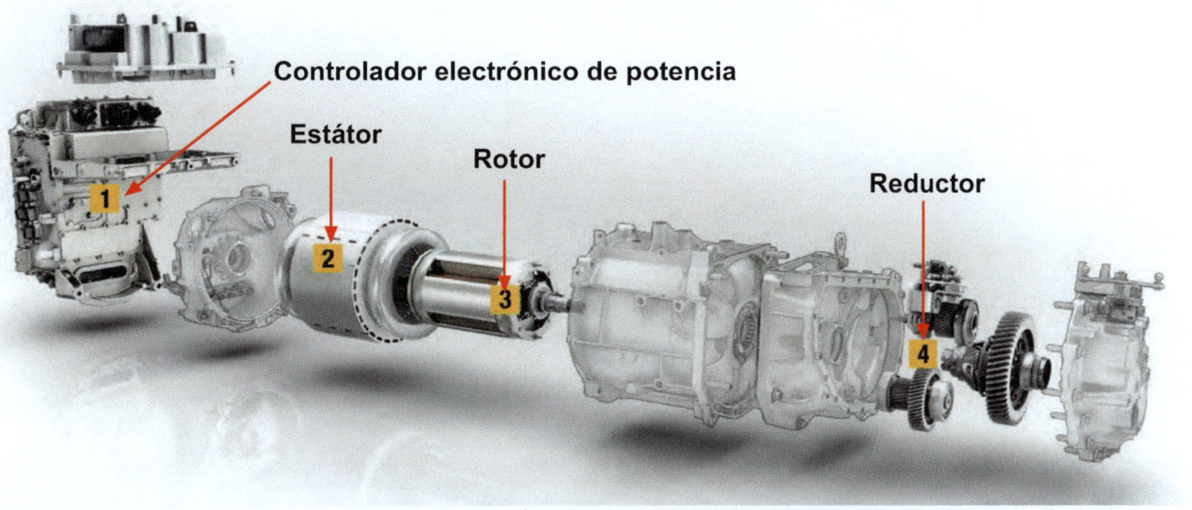

Cortesía de Renault. © Renault

ESTRUCTURA INTERNA DE UN MOTOR ELÉCTRICO DE IMANES PERMANENTES

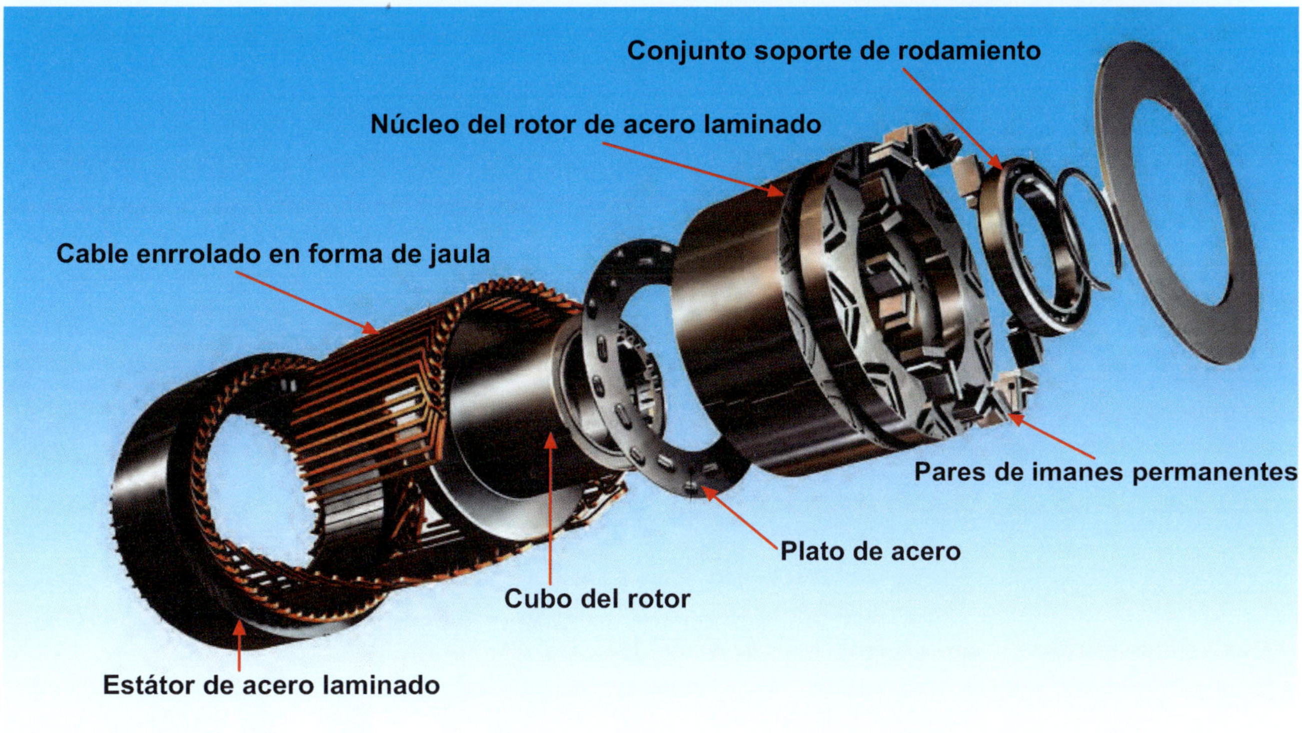

Cortesía de GM. © GM

Los motores eléctricos utilizados en los vehículos suelen ser síncronos de corriente alterna trifásicos. Sobre un estátor de acero laminado se colocan las tres bobinas del motor mediante cable enrollado en forma de jaula de ardilla.

En el núcleo del rotor, también de acero laminado, están insertados los imanes permanentes. Como norma general suelen ser de neodimio por sus excelentes características magnéticas.

El rotor gira sobre rodamientos de alta calidad prácticamente exento de ruido y vibraciones.

Los motores eléctricos funcionan en los cuatro cuadrantes, es decir, pueden funcionar como motor y como generador. Estas funciones son gestionadas por una Unidad de Control electrónico que gobierna el funcionamiento del conversor-inversor.

Para su correcto funcionamiento necesitan de un sistema de refrigeración y de diversos sensores que informen de su temperatura, sus revoluciones y el sentido de giro.

No necesitan escobillas para su funcionamiento, las revoluciones se controlan mediante la gestión de los campos magnéticos del estátor y están exentos de mantenimiento.

FUNCIONAMIENTO DE LOS MOTORES DE TRACCIÓN

MÁQUINA ELÉCTRICA FUNCIONANDO COMO MOTOR DE TRACCIÓN

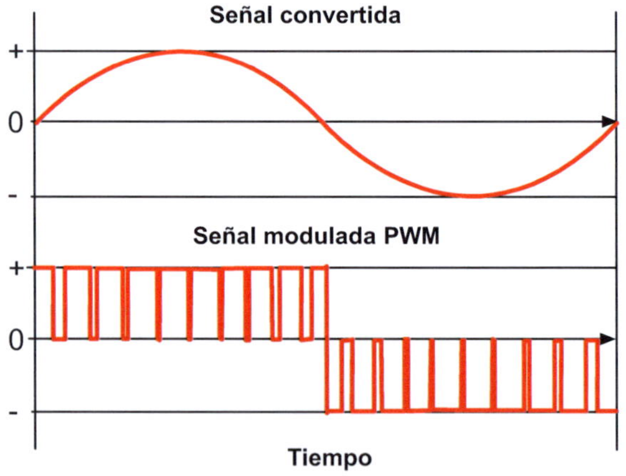

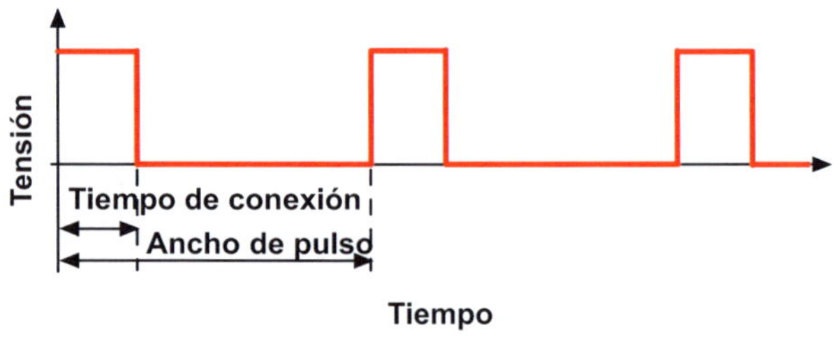

El módulo de potencia o conversor-inversor, se encarga de la conversión de la tensión continua de alta tensión de la batería, en tensión alterna trifásica de alta tensión para el funcionamiento del motor de tracción.
La conversión se realiza mediante una modulación controlada del ancho de pulso (PWM).
Para el control de las revoluciones se varía la frecuencia.
Para el control del par, se varían los tiempos de conexión de los diferentes anchos de pulso y en consecuencia, la intensidad de corriente que circula por la bobinas del estátor.

Mediante un Software adecuado se puede programar la respuesta del motor respecto al accionamiento del acelerador. La entrega de par y potencia se puede programar para distintos modos de conducción elegibles por el usuario. (Eco, Standard, Sport....)

MÁQUINA ELÉCTRICA FUNCIONADO COMO ALTERNADOR

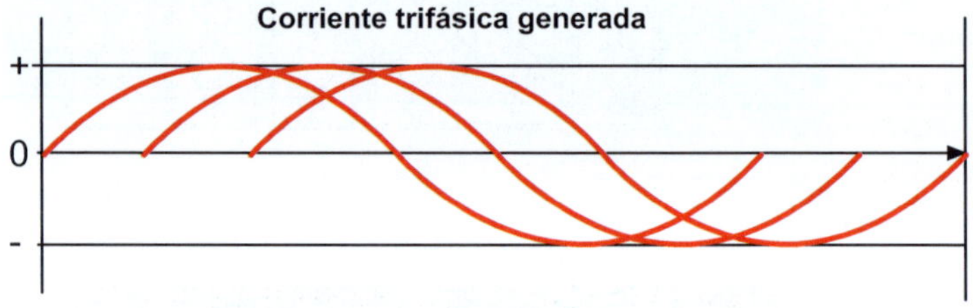

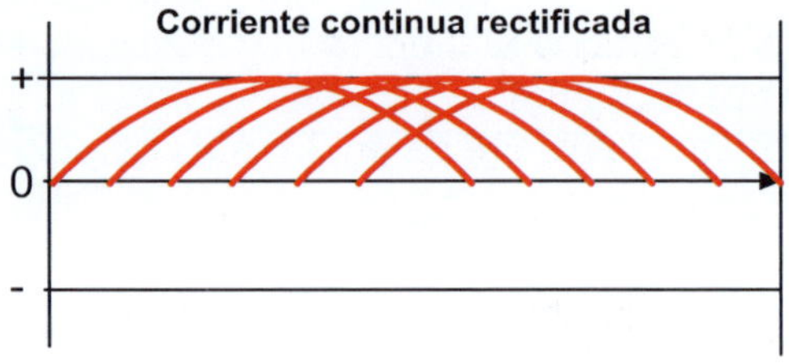

Cuando se actúa sobre el freno del vehículo o funciona en marcha por inercia, la máquina eléctrica funciona como un potente alternador para cargar la batería de alta tensión.
La rectificación de corriente alterna a corriente continua, se realiza de forma similar a como se efectúa con un puente rectificador de un alternador convencional.
Controlando los tiempos de conexión de los transistores de potencia, se puede regular la corriente generada por la máquina eléctrica cuando funciona como alternador.
Con la tensión continua generada, se carga la batería de alto voltaje y mediante un transformador de tensión, se carga la batería de la red de abordo de 12 voltios.
Esta función de frenada regenerativa aumenta considerablemente la autonomía de los vehículos eléctricos.
La energía cinética de los vehículos eléctricos, se transforma en electricidad en vez de en calor innecesario e inaprovechable de los vehículos convencionales.
En según que modelos, el conductor puede seleccionar el grado de recuperación entre:
- **B,** recuperación máxima con máximo freno motor para recuperar toda la energía.
- **D,** recuperación normal.
- **C,** recuperación nula, sin retención, para conducción a vela.

Esta función solo es aplicable cuando la batería esta parcialmente descargada, con la batería a tope de carga, la frenada regenerativa no funciona y no se produce freno motor.

FUNCIONAMIENTO DE LAS MÁQUINAS ELÉCTRICAS

MÁQUINA ELÉCTRICA FUNCIONANDO COMO MOTOR DE TRACCIÓN

Cortesía de Mercedes. © Mercedes

Se expone como ejemplo el SUV eléctrico Mercedes EQC, equipado con dos motores eléctricos que entregan 408 caballos. Los motores se controlan de forma independiente para conseguir una tracción cuatro variable. La batería de 384 celdas proporciona una tensión máxima de 408 voltios que el conversor se encarga de transformar en alterna para alimentar de forma independiente los dos motores eléctricos.

MÁQUINA ELÉCTRICA FUNCIONADO COMO ALTERNADOR

Cortesía de Mercedes. © Mercedes

En retenciones y frenadas, los dos motores invierten su modo de funcionamiento y trabajan como generadores de corriente para cargar la batería. Con la batería totalmente cargada, el fabricante anuncia una autonomía NEDC *"New European Driving Cycle"* de 450 Km.

SENSORES DE LAS MÁQUINAS ELÉCTRICAS

CONTROL DE FUNCIONAMIENTO DE LAS MÁQUINAS ELÉCTRICAS

La unidad electrónica que controla el funcionamiento de los motores eléctricos, necesita algunas informaciones respecto al estado de los motores.
Cada motor puede disponer de distintos sensores pero las informaciones mínimas necesarias son:
- Información de revoluciones y sentido de giro. Para esto, los motores disponen de sensores Hall que detectan las revoluciones y el sentido de giro del rotor y lo comunican a la unidad electrónica de control.
- Información de la temperatura del motor. Esta información es proporcionada por una o varias termoresistencias NTC que detectan la temperatura momentánea del motor y la comunican a la unidad de control electrónico para que gestione el sistema de refrigeración de la máquina eléctrica.

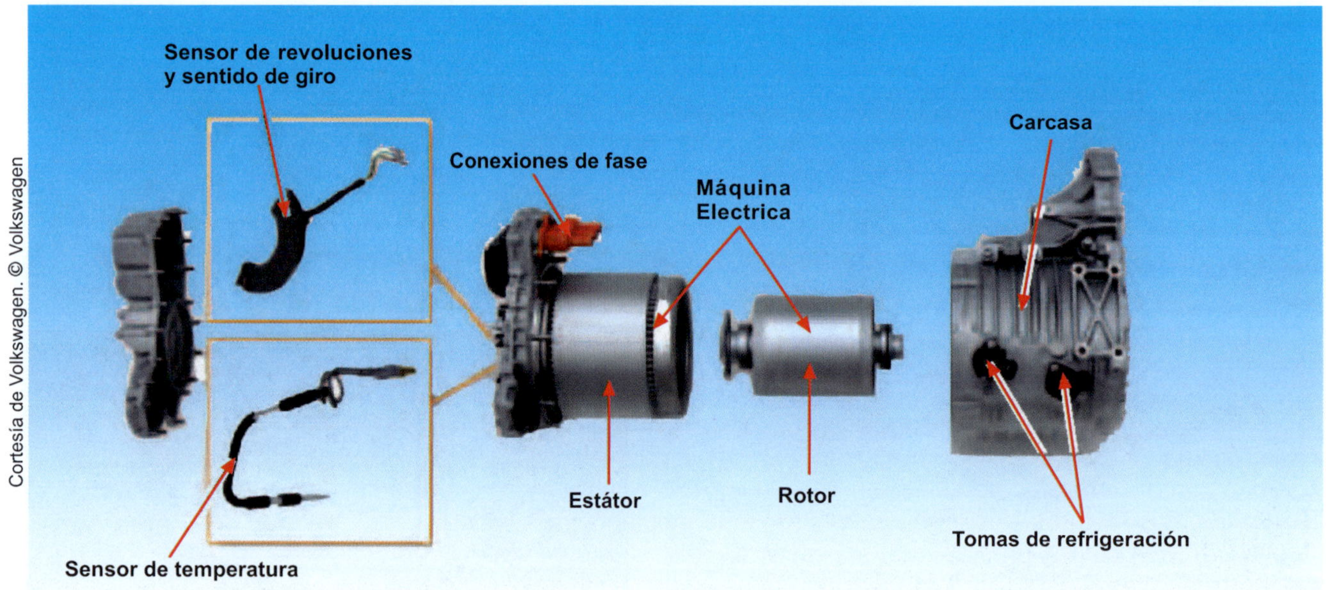

PERFILES DE CONDUCCIÓN Y FUNCIONAMIENTO DE LAS MÁQUINAS ELÉCTRICAS

En la mayoría de vehículos eléctricos, el conductor puede seleccionar distintos modos de funcionamiento con el objetivo de optimizar la autonomía del vehículo.
A título de ejemplo se expone el funcionamiento del modelo Volkswagen e-Golf. Casi todos los vehículos eléctricos tienen unos modos de funcionamiento similares.

- Selección de modo **E+** (Economy Plus). Se reduce considerablemente la potencia del motor hasta los 55 Kw (75 CV) y 175 Nm. Se modifica el tacto del pedal y las reacciones del vehículo son más lentas. Acelera de 0 a 90 Km/h en 20,9 segundos. La velocidad máxima se limita a 140 Km/h. pero si se pisa el acelerador a fondo, el interruptor Kick-down devuelve al coche toda la potencia (85 Kw (115 CV) durante 10 segundos en caso de necesidad. El sistema de climatización no funciona, sólo se dispone de aireación. Con este modo conseguimos la autonomía máxima.

- Selección de modo **E** (Economy). La potencia se limita a 70 Kw (95 CV) y 220 Nm. La reacción del vehículo al pisar el acelerador es algo más rápida. Acelera de 0 a 100 en 13,4 segundos. Se reduce la potencia de la climatización.

- Modo **N** (normal). La potencia y el par máximo están siempre disponibles 85 Kw (115 CV) y 270 Nm. La reacción al pisar el acelerador es máxima. Acelera de 0 a 100 en 10,4 segundos, puede alcanzar los 150 Km/h pero la autonomía máxima con este modo de conducción se sitúa en 190 Km.
Cuando se arranca el motor el modo preseleccionado es el normal.

Los niveles de recuperación también son seleccionables por el conductor. En el modelo expuesto se puede seleccionar el 1, 2 ó 3. La conducción puede ser en D para recuperación normal o en B para recuperación máxima. Evidentemente, la recuperación sólo puede funcionar cuando la batería está parcialmente descargada. Con la batería cargada al 100%, la recuperación energética no funciona y no disponemos de freno motor.

KIT DE JUNTAS Y REPARACIÓN DE MOTORES ELÉCTRICOS

DESPIECE DEL MOTOR ELÉCTRICO DE RENAULT

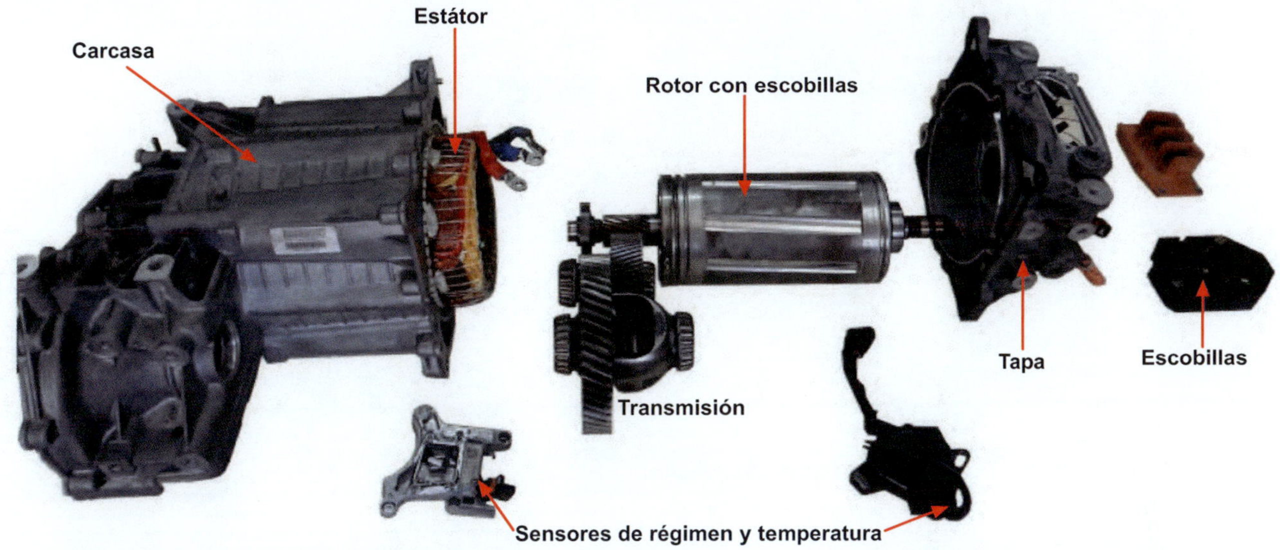

Cortesía de Renault. © Renault

En los últimos motores Continental de Renault ya no se utiliza un rotor de imanes permanentes de neodimio, en su lugar se monta un rotor bobinado que alimentado por unas escobillas y mediante la aplicación de corriente eléctrica se genera un campo magnético contrario al del rotor para producir el giro del motor. La principal ventaja de este motor es su precio más reducido al no utilizar imanes tan caros y su inconveniente es que tiene mantenimiento de cambio periódico de escobillas.

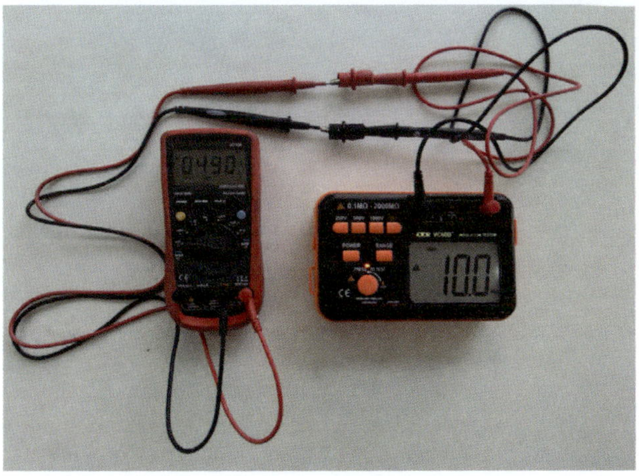

COMPROBACIONES ELÉCTRICAS

Hay que proceder de forma similar a las comprobaciones de un alternador:

- Sobre el estátor verificar la continuidad, el valor de resistencia de cada fase y el aislamiento a masa.
- Sobre el rotor. Si es bobinado, la resistencia del bobinado y su aislamiento a masa, si es de imanes permanentes comprobaremos el rodamiento y el estado mecánico.

El instrumental necesario es un polímetro y un magaóhmetro.

El en montaje, hemos de sustituir todas las juntas y los rodamientos del rotor.

JUEGO DE JUNTAS DE MOTOR Y RODAMIENTO DEL ROTOR

Ya existen en el mercado paralelo, recambios para la reparación de motores eléctricos. Aquí se muestra el kit comercializado por Ajusa, un importante fabricante de recambios para motores térmicos que ahora también cubre algunos modelos eléctricos.

DISPOSICIÓN DE ELEMENTOS EN EL NISSAN LEAF

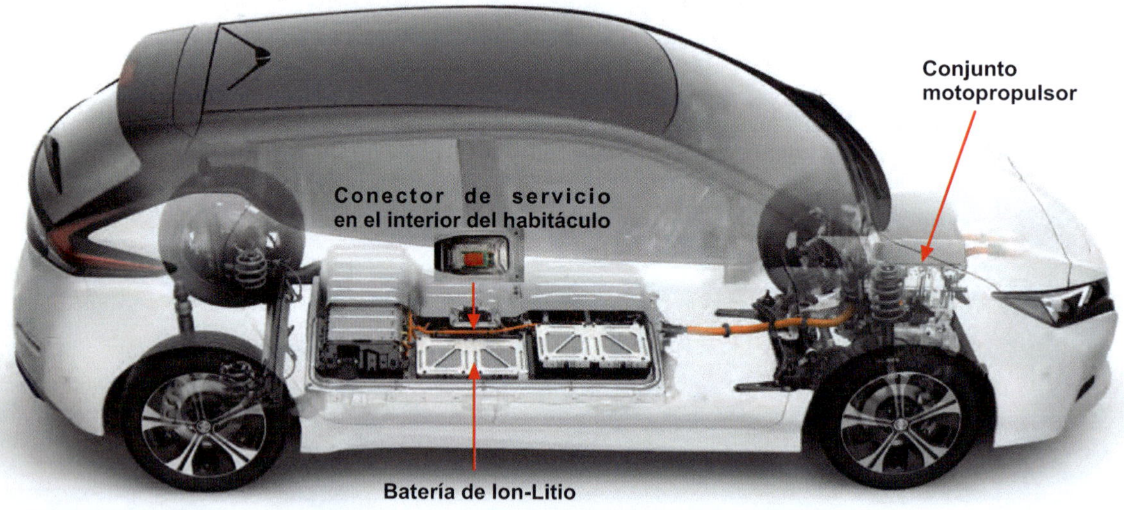

Cortesía de Nissan. © Nissan

Cortesía de Nissan. © Nissan

Cortesía de Nissan. © Nissan

El conjunto motopropulsor está formado por:
- Cargador de batería.
- Conversor-inversor.
- Motor eléctrico.
- Reductor, (cambio de 1 velocidad).

La tapa superior del conjunto está sellada con poliuretano para evitar el desmontaje y manipulación. Es complicado el acceso a los terminales eléctricos de alta tensión para comprobar el aislamiento del motor.

DISPOSICIÓN DE ELEMENTOS EN NISSAN LEAF Y E-NV200

Nissan comercializa dos vehículos eléctricos, el turismo Nissan Leaf y el industrial E-NV200. Equipados con una batería de 40 Kw consiguen una autonomía de 270 Km en circuito combinado y hasta 389 Km en ciclo urbano según el nuevo protocolo de homologación WLTP (*Worldwide Harmonized Light-Duty Vehicles Test Procedures*) Procedimientos Mundialmente Armonizados para Pruebas de Vehículos Ligeros.

El Nissan Leaf está dotado de un motor eléctrico de 110 Kw (150 CV) y de los más novedosos sistemas de ayuda a la conducción como:

- **E-PEDAL**, este sistema permite acelerar, desacelerar y frenar con un sólo pedal. Al levantar el pie del acelerador, se activa automáticamente la frenada regenerativa y al pisarlo de nuevo el vehículo acelera. Con el e-Pedal se consigue mayor control y comodidad para circular por ciudad, en subidas, bajadas y carreteras de curvas.
- **PROPILOT**, es un sistema de control de velocidad de crucero autoadaptativo que permite fijar la velocidad máxima y la distancia respecto al vehículo que nos precede. Además mantiene el vehículo centrado en el carril por el que circulemos y detiene el vehículo de forma automática en caso de necesidad. Cuando es posible, el vehículo reinicia la marcha.
- **PROPILOT PARK**, es un sistema de aparcamiento asistido que no requiere de ninguna acción por parte del conductor, no es necesario cambiar de marcha ni accionar el volante ni pisar el acelerador, el vehículo aparca solo si tiene espacio suficiente.

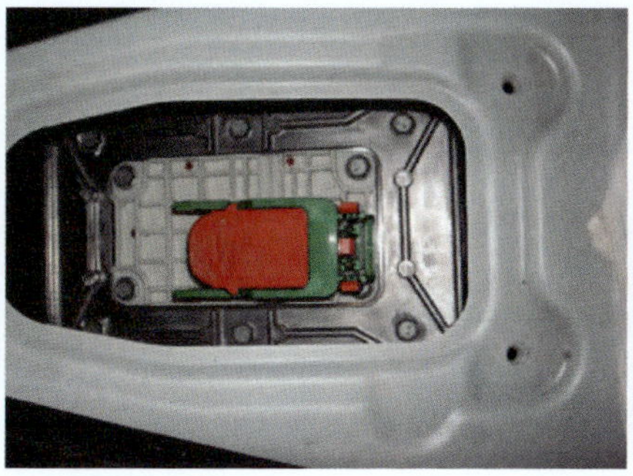

El conector de servicio para la desconexión de la batería de alta tensión está situado en el compartimento habitáculo. Delante en la E-NV200 y detrás en el Leaf, protegido por una tapa.

Después de seguir el protocolo de desconexión indicado en la página 42 de este manual, el único punto accesible para la verificación de ausencia de tensión y pruebas de aislamiento está situado en los bajos del vehículo, se puede abrir el conector que une la batería al conjunto motopropulsor y efectuar las pruebas en este punto para asegurarnos de que la manipulación de los componentes eléctricos de alta tensión es segura.

La parte superior del conjunto motopropulsor (tapa del conversor-inversor y cargador de batería) está sellada con poliuretano para evitar el desmontaje y manipulación.

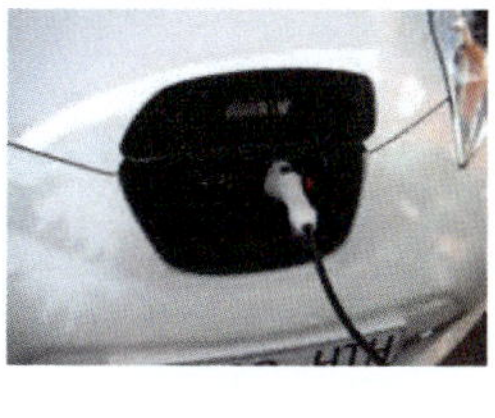

Dispone de dos tomas de carga: carga lenta con corriente alterna de la red doméstica o pública y carga rápida con corriente continua. Esta última permite la carga de la batería al 80% en unos 30 minutos.

Para la refrigeración del motor se utiliza una bomba de agua eléctrica a 12 voltios. Para la climatización del habitáculo se utiliza un compresor de alta tensión situado en la parte inferior del motor.

DISPOSICIÓN DE ELEMENTOS EN RENAULT KANGOO

GAMA DE VEHÍCULOS ELÉCTRICOS DE RENAULT Z.E.

Cortesía de Renault. © Renault

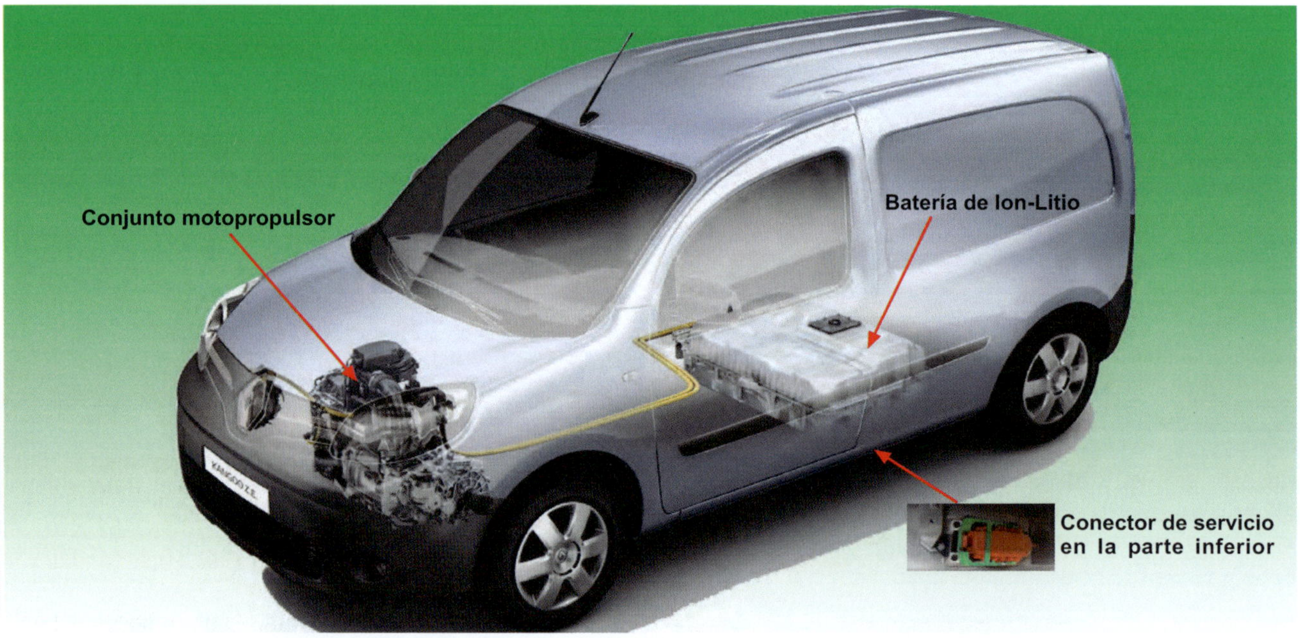

Cortesía de Renault. © Renault

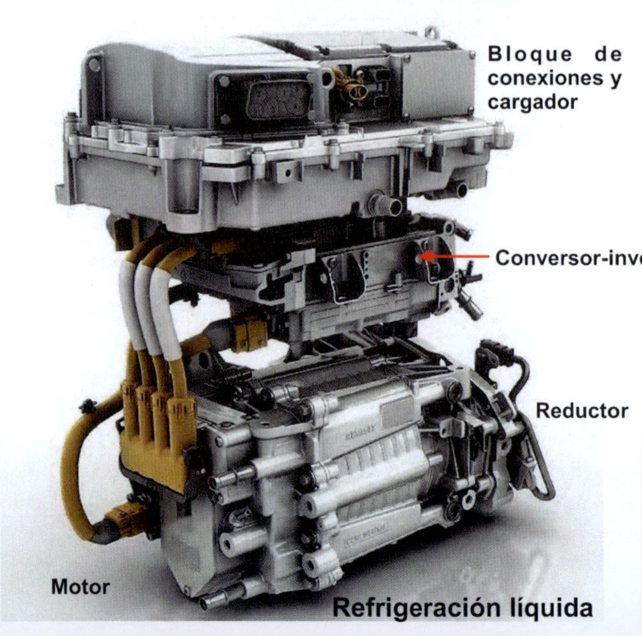

Cortesía de Renault. © Renault

DISPOSICIÓN DE ELEMENTOS EN RENAULT KANGOO

GAMA DE VEHÍCULOS ELÉCTRICOS DE RENAULT Z.E.

Renault comercializa cuatro modelos de vehículos eléctricos: el Twizy, que según la versión puede matricularse como turismo de dos plazas o como cuadriciclo para conducción sin carnet, el Zoe como turismo y Kangoo y Master como vehículos industriales. A estos se han añadido el Megane E-TEHC y el Twingo E-TECH.

Los motores instalados inicialmente por Renault han sido los denominados R90 de 68,6 Kw y el Q90 de 65,6 Kw. Actualmente dispone de un nuevo motor denominado R110 que cuenta con cinco versiones de: 44, 57, 60, 68 y 80 Kw que equipa los modelos Kangoo Z.E. Master Z.E. y Zoe para Renault y el Smart Electric Drive para Daimler.

Este nuevo motor dispone de rotor bobinado alimentado con escobillas y refrigeración por aire.

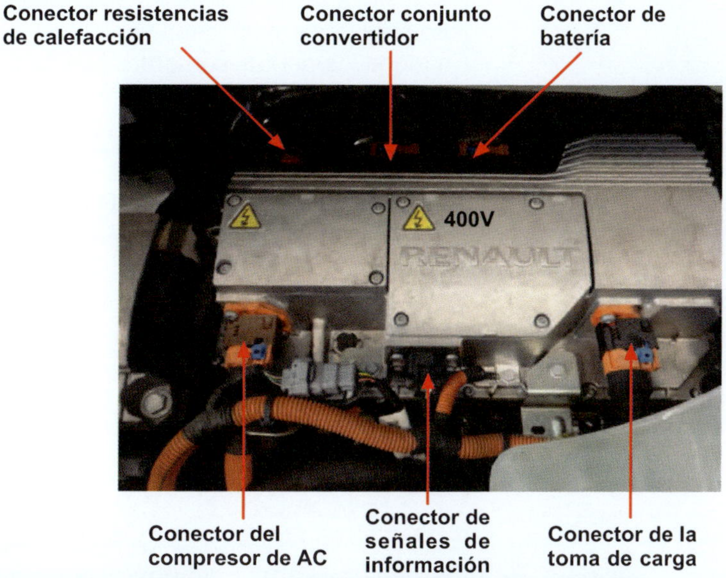

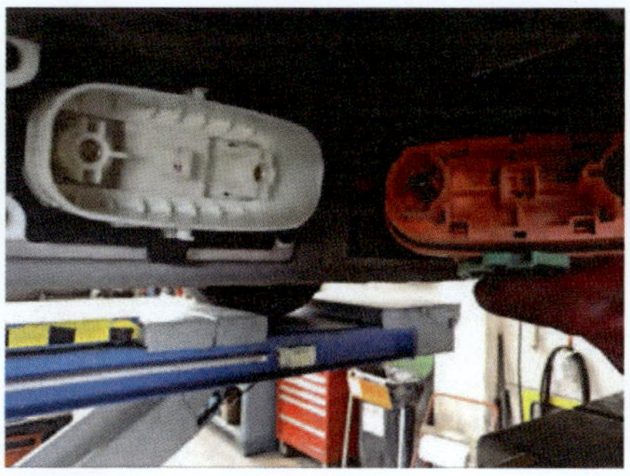

En el modelo Renault Kangoo encontramos el conector de servicio para la desconexión de la batería de alta tensión, situado en el lateral inferior izquierdo protegido por una tapa de plástico negra. El conector dispone de un fusible de protección de 225 Amperios. Para desconectar la alta tensión del vehículo y poder manipular con total seguridad, hay que seguir escrupulosamente el protocolo de desconexión detallado en la página 42 de este manual. Sólo un Técnico de Alto Voltaje cualificado puede realizar esta operación.

Si extraemos la tapa de la caja de conexiones, se tiene acceso a otros dos fusible de protección del sistema eléctrico. En este punto se puede efectuar la verificación de ausencia de alta tensión y la comprobación de aislamiento.

Extremar las precauciones y utilizar todos los Epis necesarios para la manipulación de circuitos de alta tensión

VERIFICACIONES EN EL CONJUNTO MOTOPROPULSOR

VERIFICACIÓN DE AUSENCIA DE ALTA TENSIÓN

Antes de desmontar algún elemento de alta tensión o desconectar cualquier conector de alta tensión, hay que asegurarse de que no existe tensión de servicio en la instalación y que todas la posibles fuentes de tensión han sido abiertas.

Hay que verificar la ausencia de tensión en todos los elementos activos de la instalación eléctrica. Hay que medir en las conexiones de alta tensión y entre la alta tensión y la carrocería del vehículo.

En todos los puntos comprobados, la tensión ha de ser 0 voltios.

SECUENCIA DE LA COMPROBACIÓN

1.- Verificar el correcto funcionamiento del voltímetro. Efectuar una lectura donde estemos seguros de que existe tensión, ejemplo una batería de 12 voltios o un enchufe de la tensión de red.

2.- Verificar la ausencia de tensión en todos y cada uno de los conductores.

3.- Verificar de nuevo el equipo de medición repitiendo la prueba 1.

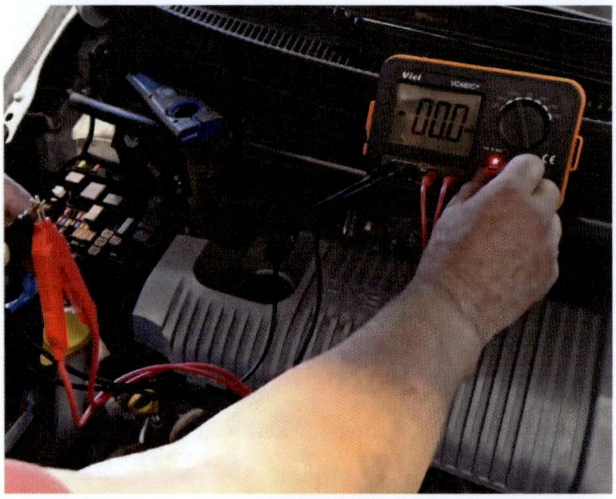

VERIFICACIÓN DE LOS CABLES EQUIPOTENCIALES O TRENZAS DE MASA.

La primera operación consistirá en ajustar a cero el miliohmetro y verificar su correcto funcionamiento con una resistencia patrón.

Esta operación está detallada en la página 40 de este manual autoformativo, y en el video de YouTube

https://www.youtube.com/watch?v=KJjYCNm6X54

VERIFICACIÓN DE LOS CABLES EQUIPOTENCIALES

Hemos de conectar las pinzas del miliohmetro entre un la carcasa del conjunto motopropulsor y la carrocería del vehículo.

Con el miliohmetro en una escala pequeña, por ejemplo 200 mΩ, el valor leido ha de ser inferior a 0,1Ω. En el ejemplo de la imagen, la lectura es de 3,8 mΩ, por tanto el cable equipotencial está correcto.

Si no fuera así, hemos de comprobar el par de apriete de los tornillos, la limpieza de los terminales y el estado de los cables equipotenciales o trenzas de masa.

VERIFICACIONES EN EL CONJUNTO MOTOPROPULSOR

MEDIDA DE AISLAMINTO MEDIANTE MEDICION DIRECTA (SIN TENSIÓN EN EL CIRCUITO) DESCRIPCIÓN DE LA MEDIDA PUNTUAL O A CORTO PLAZO

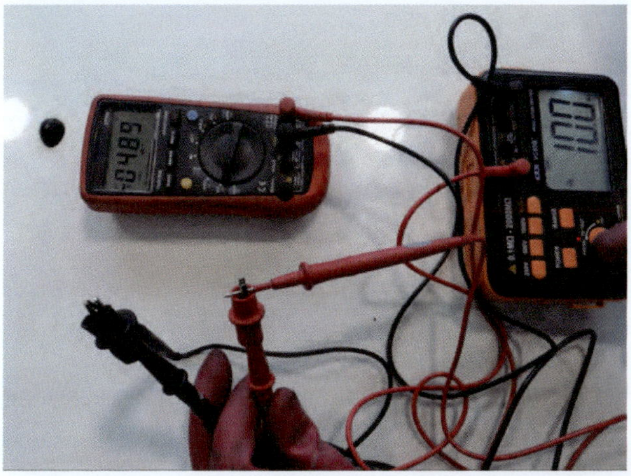

Antes de realizar la prueba de aislamiento, hay que verificar el funcionamiento del megaóhmetro tal como se indica en la página 40 de este manual.
El circuito de alta tensión ha de estar desconectado.
El magaóhmetro ha de indicar la impedancia de entrada del voltímetro (10 MΩ) y el voltímetro la tensión insuflada por el medidor de aislamiento (aproximadamente 500 voltios).

Aunque la corriente del megaóhmetro está estrechamente controlada, puede generar chispas y quemaduras leves pero dolorosas. Trabajar a distancia de los sistemas cargados y utilizar guantes aislantes.

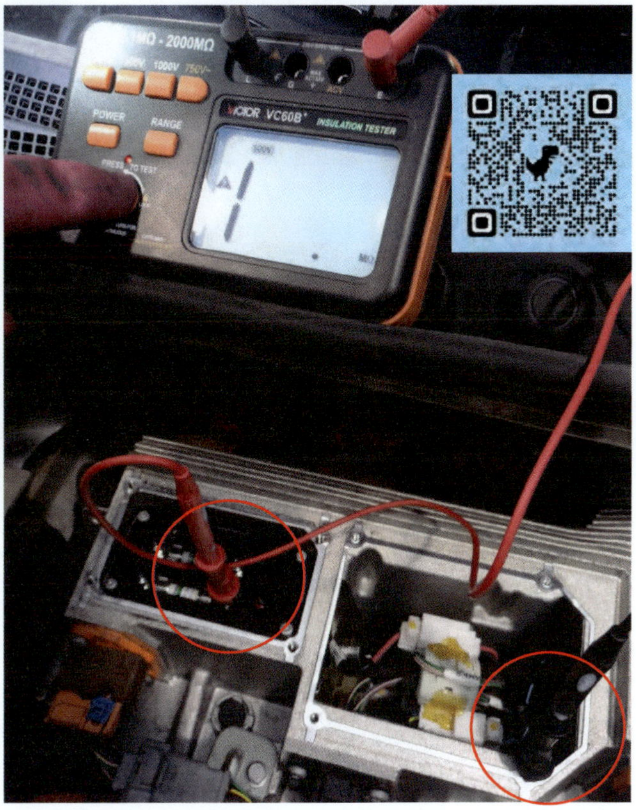

La medición directa es el método más sencillo y seguro para medir el aislamiento. Aplicamos tensión de ensayo en los componentes a verificar (motor eléctrico, compresor, inversor, resistencias de calefacción y cargador de batería). Es suficiente con una tensión de ensayo de 500 voltios durante 1 minuto. Para hacer la prueba de aislamiento, hay que utilizar pinzas de cocodrilo, nunca sujetar las puntas de prueba directamente. Es normal que al iniciar la prueba, indique una resistencia alta de MΩ y a los pocos segundos , el megaóhmetro marque un valor de resistencia infinito. El valor de resistencia de aislamiento ha de ser superior a 500 Ω/V. Para una tensión de trabajo de 400 voltios, el valor mínimo ha de ser de 400 x 500 = 200.000Ω = 0,2 MΩ. Lo ideal, naturalmente, es que el valor de resistencia de aislamiento sea infinito.
Si en esta prueba detectamos fallos de aislamiento, realizaremos las pruebas más completas de: índice de polarización (PI), relación de absorción dieléctrica (DAR) o método de prueba de descarga dieléctrica (DD). Estos procedimientos están descritos en las páginas 33, 34 y 35 de este manual.
Ante cualquier fallo de aislamiento, hay que sustituir el componente defectuoso.

MOTORES-GENERADORES

DISPOSICIÓN DE ELEMENTOS EN VOLKSWAGEN e-GOLF

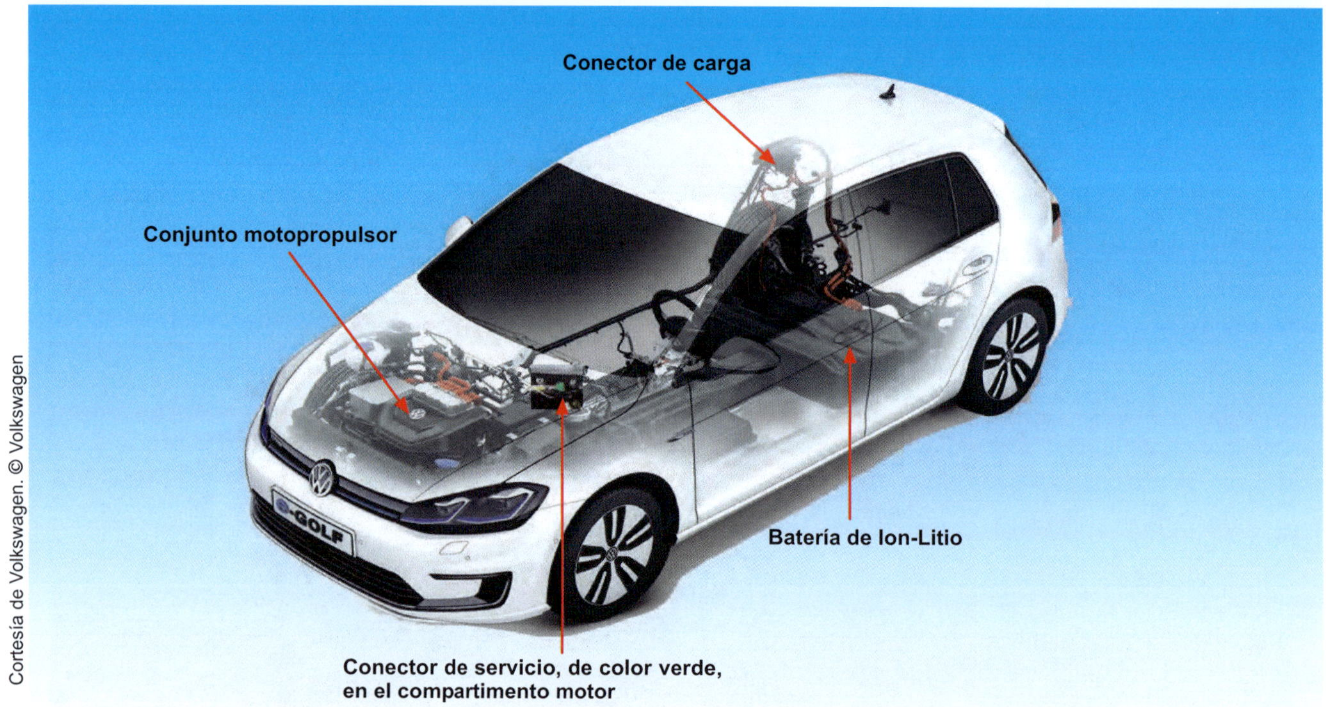

Inicialmente Volkswagen producía dos modelos eléctricos. El e-Golf y el e-Up, pero naturalmente, como todas las demás marcas, está trabajando en nuevos modelos que en breve tendremos en el mercado. Los dos modelos, tienen una configuración muy similar, el motor del e-Up entrega 60 Kw (82CV) y el del e-Golf dispone de un rotor más largo con el que se consiguen 100 Kw (136CV).
Actualmente tiene en el mercado la gama I-D 3, 4, 5 y 6.

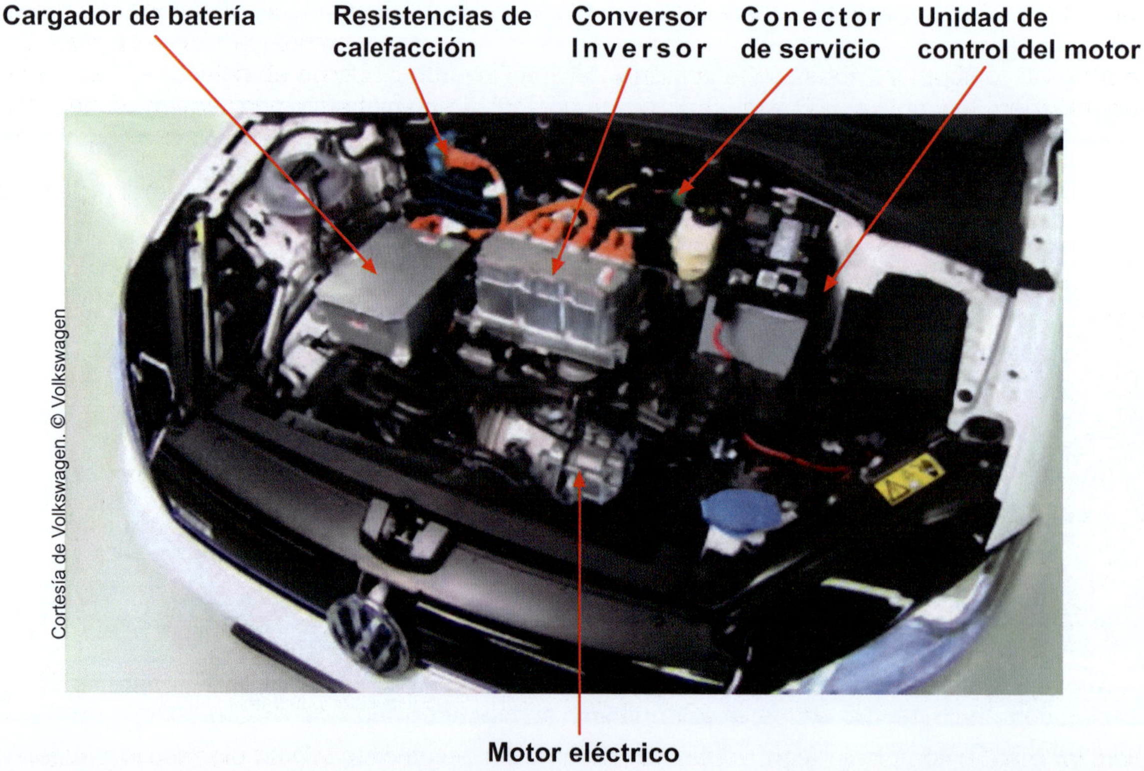

En este modelo, para la desconexión del sistema de alta tensión se utiliza un conector de servicio de color verde ubicado en el compartimento motor. Este tipo de desconectador, en vez de desconectar por la mitad la batería lo que hace es interrumpir la línea piloto y la unidad de control de batería desconecta los relés de potencia dejando sin tensión el sistema.

DIAGNOSIS EOBD DE LAS MÁQUINAS ELÉCTRICAS

DIAGNOSIS MEDIANTE EOBD

Los vehículos eléctricos están obligados igual que los de combustión, a instalar un conector EOBD para realizar las tareas de diagnóstico.

Es la forma más segura, rápida y sencilla de realizar una comprobación de todos los parámetros de funcionamiento de los motores de tracción de los vehículos eléctricos.

Mediante el sistema de diagnóstico EOBD podemos realizar lecturas de:

- Identificación de los motores.
- Averías existentes.
- Parámetros de funcionamiento.
- Prueba de actuadores.
- Emitir un informe.

IDENTIFICACIÓN DEL MOTOR

En esta opción podemos consultar la designación del modelo de motor según fabricante, la versión se software, la versión de hardware, los intentos de programación, el número de bastidor y otros datos según modelos.

AVERÍAS EXISTENTES

Si existe alguna avería memorizada nos la indicará y una vez resuelta nos permitirá realizar el borrado de las averías. Las averías pueden estar relacionadas con cualquier defecto de funcionamiento del motor: problemas de aislamiento, defectos en los bobinados, defectos en la unidad de control, alteraciones de la temperatura de trabajo, falta de indicación de las revoluciones o sentido de giro, etc.

Si los problemas están relacionados con la temperatura de trabajo, se deberá controlar el nivel de refrigerante, posibles fugas del circuito, estado del radiador y funcionamiento de las bombas de refrigeración. **Cualquier defecto relacionado con el funcionamiento de la parte de alta tensión del motor requiere la intervención de un técnico en alta tensión cualificado que establezca el estado sin tensión del vehículo antes de cualquier intervención.**

PARÁMETROS DE FUNCIONAMIENTO

Éste suele ser un campo muy extenso en el que podemos consultar en tiempo real todos los parámetros de funcionamiento del conjunto motopropulsor. Cada vehículo puede proporcionar datos diferentes, pero como norma general podemos consultar:

- Datos del convertidor CC/CC, temperatura, voltaje, corriente, etc.
- Corriente actual de las distintas fases V, U, W.
- Funcionamiento de la máquina eléctrica, corriente efectiva, flujo magnético, frecuencia de trabajo, potencia eléctrica, potencia mecánica, temperatura del estátor, etc.
- Módulo electrónico de potencia (conversor-inversor), alimentaciones de tensión, corrientes de trabajo, temperatura, etc.
- Par máximo, par mínimo y par real de la máquina eléctrica.
- Posición del pedal del acelerador.
- Revoluciones máximas, mínimas, teóricas y sentido de giro de la máquina eléctrica.
- Regulación en descenso por sobretemperatura.
- Sensores de posición del rotor.
- Funcionamiento en fase degradada por sobrepasar el límite de corriente.
- Señal CAN-BUS de comunicación con la BMS de batería.
- Temperatura de refrigerante del módulo de potencia.
- Tiempo de desconexión del vehículo.
- Velocidad del vehículo, ... etc.

PRUEBA DE ACTUADORES

La prueba de actuadores suele estar relacionada con la verificación del funcionamiento de las bombas de refrigeración.

Normalmente de los datos analizados se puede emitir un informe

BATERÍAS Y MOTORES DE TRACCIÓN

Marque con una X en esta tabla la respuesta correcta a cada pregunta.

1	2	3	4	5	6	7	8	9	10
a b c	a b c	a b c	a b c	a b c	a b c	a b c	a b c	a b c	a b c

1.- El voltaje por celda de las batería de Ion-Litio es:
- ☐ a) 1,2 voltios
- ☐ b) 2,7 voltios
- ☐ c) 3,7 voltios

2.- Con el balanceo de celdas se consigue:
- ☐ a) Aumentar la tensión de las celdas
- ☐ b) Aumentar el margen de utilización
- ☐ c) Aumentar la capacidad de la batería

3.- El margen de temperatura de trabajo de las baterías de Ion-Litio es:
- ☐ a) -25 a +55ºC
- ☐ b) -50 a +50ºC
- ☐ c) -20 a +60ºC

4.- La conexión de celdas en paralelo aumenta la:
- ☐ a) Tensión total de la batería
- ☐ b) Capacidad de la batería
- ☐ c) La energía disponible

5.- La línea piloto es vigilada por:
- ☐ a) La unidad de mando de batería (BMS)
- ☐ b) La unidad de vigilancia de los módulos de batería
- ☐ c) La unidad de control del motor

6.- Mediante el conector de servicio:
- ☐ a) Se descarga la batería de alta tensión
- ☐ b) Se desconectan los relés de alta tensión
- ☐ c) Se corta la conexión de la batería de alta tensión por la mitad

7.- Los márgenes de carga utilizables de las baterías de alta tensión están entre:
- ☐ a) El 20 y el 80%
- ☐ b) El 30 y el 70%
- ☐ c) El 25 y el 75%

8.- Las baterías de alta tensión disponen de relés para la desconexión:
- ☐ a) 2 relés, uno para el terminal + y otro para el terminal -
- ☐ b) 4 relés, 2 para el terminal + y dos para el terminal -
- ☐ c) 3 relés, 2 para el terminal + y uno para el terminal -

9.- La diferencia máxima de voltaje por celda de una batería de alta tensión en buen estado ha de ser:
- ☐ a) Inferior a 0,2 voltios
- ☐ b) Inferior a 0,5 voltios
- ☐ c) Inferior a 0,4 voltios

10.- Si una batería de alta tensión pierde líquido, se considera en estado:
- ☐ a) Batería correcta: no necesita ninguna acción especial
- ☐ b) Batería dañada estado crítico: es necesario tomar medidas adicionales
- ☐ c) Batería averiada estado peligroso: es necesario avisar a un experto HVE

BATERÍAS Y MOTORES DE TRACCIÓN

Marque con una X en esta tabla la respuesta correcta a cada pregunta.

11	12	13	14	15	16	17	18	19	20
a b c	a b c	a b c	a b c	a b c	a b c	a b c	a b c	a b c	a b c

11.- Las máquinas eléctricas asumen dos funciones principales:
- ☐ a) Mover el vehículo y el compresor de AC
- ☐ b) Mover el vehículo y las bombas de refrigeración
- ☐ c) Mover el vehículo y cargar la batería de AT

12.- Los motores "Brushless" son:
- ☐ a) De corriente alterna sin escobillas
- ☐ b) De corriente continua sin escobillas
- ☐ c) De corriente continua con escobillas

13.- Los imanes utilizados en las máquinas eléctricas, normalmente son:
- ☐ a) De neodimio
- ☐ b) De magnetita
- ☐ c) Electroimanes

14.- Los motores más utilizados para la tracción de vehículos eléctricos son:
- ☐ a) Asíncronos
- ☐ b) Síncronos
- ☐ c) Brushless

15.- Las máquina eléctricas necesitan sensores de:
- ☐ a) r.p.m. y temperatura
- ☐ b) r.p.m., temperatura y par
- ☐ c) r.p.m., sentido de giro y temperatura

16.- En el modo de conducción E+ el climatizador:
- ☐ a) Funciona normal
- ☐ b) No funciona, sólo hay aireación
- ☐ c) Funciona a partir de 60 Km/h

17.- Los motores eléctricos entregan el par máximo:
- ☐ a) A partir de 500 r.p.m.
- ☐ b) A partir de 400 r.p.m.
- ☐ c) Desde la primera revolución

18.- En los vehículos de Renault, la tensión de trabajo es:
- ☐ a) 100 voltios
- ☐ b) 300 voltios
- ☐ c) 400 voltios

19.- El valor de resistencia medido entre la carcasa del motor y la carrocería puede ser como máximo:
- ☐ a) 0,1 Ω
- ☐ b) 0,75 Ω
- ☐ c) 1 Ω

20.- El valor de resistencia de aislamiento de los componentes de AT ha de ser como mínimo:
- ☐ a) 250 Ω/V
- ☐ b) 500 Ω/V
- ☐ c) 1000 Ω/V

HOJAS DE RESCATE

En las páginas web de los fabricantes, encontramos unos documentos donde se indica el proceso de desconexión de la alta tensión y la ubicación de los componentes que pueden suponer peligro durante las tareas de desmontaje. Estos documentos tienen un formato universal para todos los vehículos. El objetivo principal es ofrecer información a los servicios de emergencia para un rescate rápido y seguro de los ocupantes del vehículo. Estas hojas de rescate también son útiles en los procesos de reparación ya que indican los procesos de desconexión, la ubicación de los componentes de alta tensión y los elementos pirotécnicos. A título de ejemplo expongo la hoja de rescate del Opel Ampera-e. Todos los fabricantes facilitan esta documentación y utilizan el mismo formato, aunque algunos sólo indican la ubicación de componentes.

Ampera - e 5 puertas. Año de construcción 2017

Cortesía de Opel. © Opel

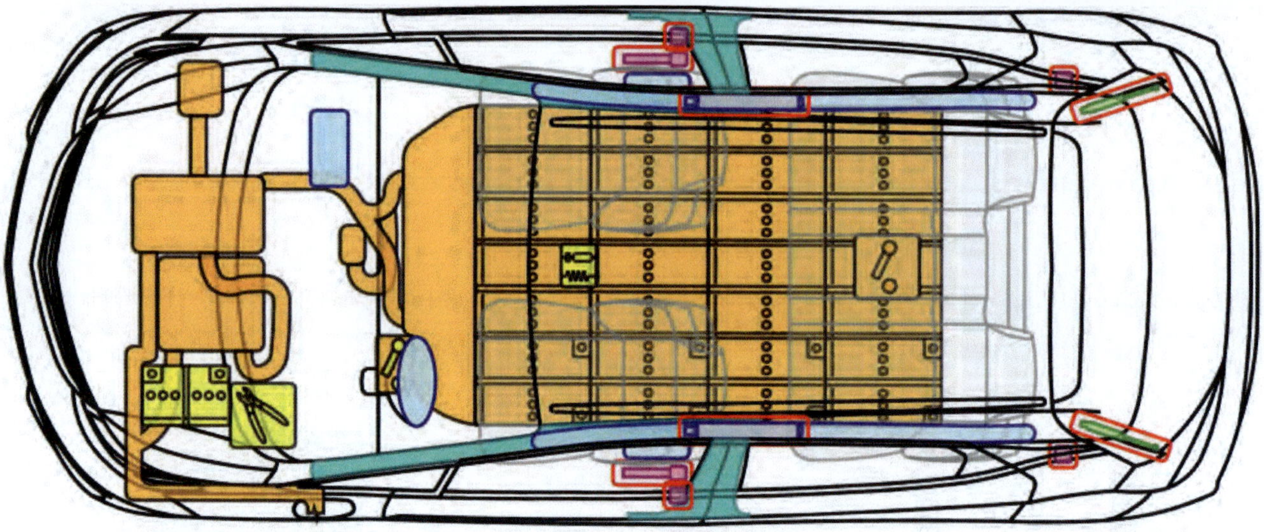

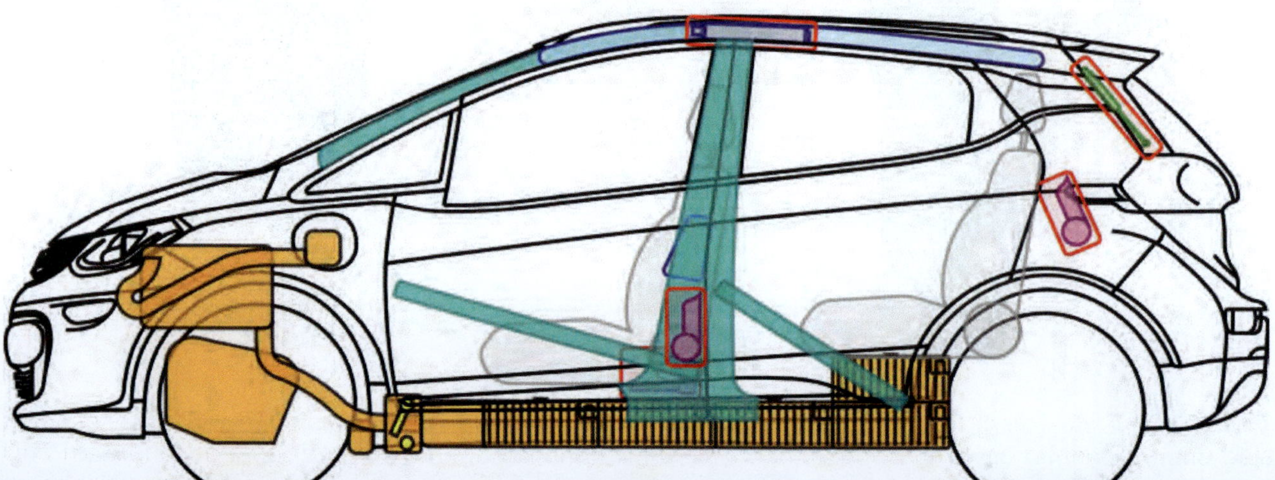

Cortesía de Opel. © Opel

HOJAS DE RESCATE

SIMBOLOGIA ESTANDAR DE LAS HOJAS DE RESCATE

Airbag	Refuerzos estructurales de la carrocería	Unidad de Control Electrónico	Generador de gas
Amortiguador de gas	Batería 12 V	Protección antivuelco activa	Tensor del cinturón de seguridad
Depósito de combustible	Depósito de gas (GNC/GLP)	Válvula de seguridad (GNC/GLP)	Componente de alto voltaje
Cableado de alto voltaje	Punto de desconexión del alto voltaje	Batería de alto voltaje	Sensor mecánico

La simbologia utilizada en los dibujos de las hojas de rescate, es igual en todas las marcas, para facilitar la comprensión a los equipos de emergencia.
Las autoridades aconsejan imprimir la hoja de rescate del vehículo y colocarla en el parasol del conductor.
Muchos vehículos llevan un código QR con el que se accede directamente a la hoja de rescate.

LA PRIMERA OPERACIÓN ES INMOVILIZAR EL VEHÍCULO

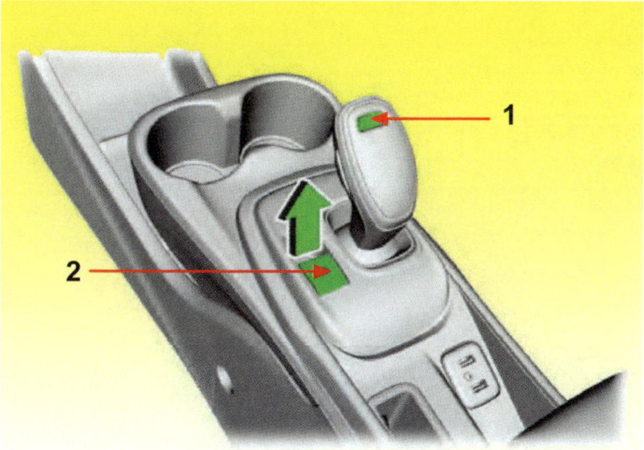

Cortesía de Opel. © Opel

Para evitar que el vehículo se mueva hay que realizar las siguientes operaciones:
1.- Pulse el botón "P" y asegúrese de que el vehículo no se mueve.
2.- Tire hacia arriba del interruptor de freno de estacionamiento (flecha) durante más de un segundo.

- En los modelos con frenos de estacionamiento mecánico, pisar el freno de pie, estirar de la palanca del freno de mano y poner la posición "P".

INFORMACIÓN IMPORTANTE PARA DESACTIVAR EL SISTEMA DE ALTO VOLTAJE (HV) Y EL SISTEMA DE RETENCIÓN (SRS) (AIRBAG)

- Después de un accidente con vuelco o activación del airbag, el sistema de alto voltaje (HV) se desconecta automáticamente.

- La batería de alto voltaje se separa eléctricamente del sistema de tracción.

- **La energía de la batería de alto voltaje sigue estando disponible.**

- Los cables o componentes de color naranja son piezas de alto voltaje.

- Los cables o piezas marcados en amarillo son componentes de 12 voltios.

- En caso de incendio apague siempre con abundante agua. O geles específicos dieléctricos.

HOJA DE RESCATE OPEL AMPERA-e

DESACTIVACIÓN DE ALTO VOLTAJE Y SISTEMAS DE RETENCIÓN
MÉTODO ESTÁNDAR: INTERIOR

Cortesía de Opel. © Opel

ATENCIÓN SIGA EL ORDEN

1.- Pulse el botón "POWER ON/OFF" hasta que la "luz azul" se apague.

2.- Si es posible retire la llave del sistema de arranque sin llave "Keyless Access" a una distancia superior a 5 metros del vehículo.

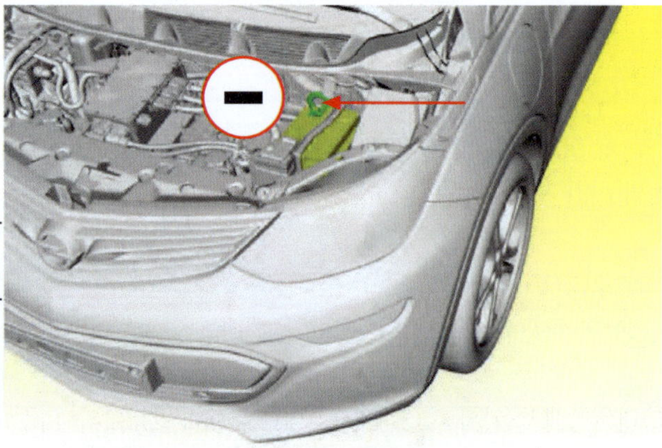

Cortesía de Opel. © Opel

3.- Desconecte el polo negativo (-) de la batería de 12 voltios.

4.- Comprobación visual:
El botón de "POWER ON/OFF" debe estar apagado.

5.- Espere un minuto hasta que la unidad de mando de los sistemas de retención esté segura. (Tiempo de espera para la descarga de los condensadores de la Unidad de Control de airbag).

ATENCIÓN:

Si no se puede desconectar la batería de 12 voltios, los sistemas de retención del vehículo, (airbags y pretensores de cinturón) continúan activos.

Al desconectar el encendido, los relés principales de la batería de alta tensión se abren y cortan la alimentación de alta tensión hacia el conversor-inversor. Todos los cables de alta tensión quedan sin corriente. En el caso de que los servicios de emergencia deban cortar algún cable de alta tensión, no corren peligro de electrocución.

Al desconectar la batería de 12 voltios, se corta la alimentación hacia la Unidad de control de airbag y por tanto los airbag y pretensores no saltarán aunque se den golpes fuertes en la carrocería o los servicios de emergencia corten la carrocería por alguna zona.

Estas son las instrucciones que da el fabricante para ayuda a los servicios de emergencia. Para procedimientos de reparación, desmontaje y montaje de elementos de alta tensión hay que seguir escrupulosamente el protocolo indicado en la página 42 de este manual y asegurar el estado sin tensión del vehículo.

HOJA DE RESCATE OPEL AMPERA-e

DESACTIVACIÓN DEL SISTEMA DE ALTO VOLTAJE
MÉTODO ALTERNATIVO A: ASIENTO TRASERO

Si no hay acceso al compartimento motor para desconectar el borne negativo de la batería de 12 voltios, procederemos a la Desconexión de Servicio Manual (MSD) mediante la extracción del conector de servicio situado bajo los asientos traseros.

Con este procedimiento sólo se desconecta la alta tensión. Los sistemas de retención permanecen activos.

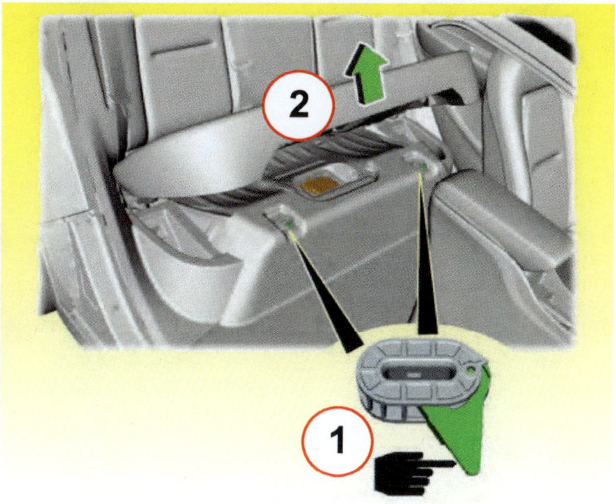

Cortesía de Opel. © Opel

Levantar el asiento de la banqueta posterior para tener acceso al conector de servicio.

1.- Liberar el seguro de los anclajes del asiento girando la pestaña de bloqueo.

2.- Tirar hacia arriba del asiento de la banqueta posterior.

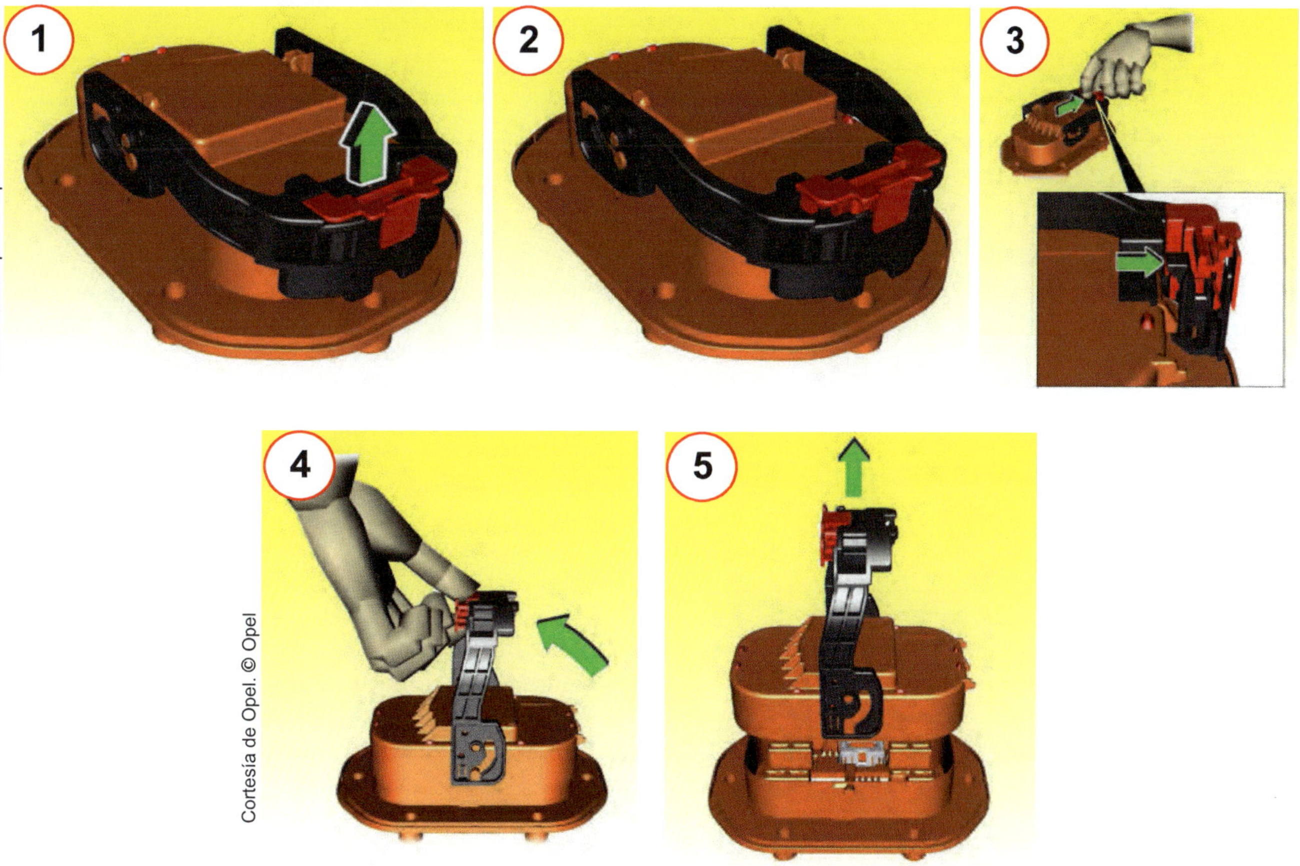

Cortesía de Opel. © Opel

1.- Tirar hacia arriba del seguro rojo del conector de servicio.
2.- Seguro liberado.
3.- Tirar en horizontal de la anilla del conector de servicio.
4.- Girar 90º la anilla del conector.
5.- Tirar del conector de servicio hasta extraerlo.

HOJA DE RESCATE OPEL AMPERA-e

DESACTIVACIÓN DEL SISTEMA DE ALTO VOLTAJE
MÉTODO ALTERNATIVO B: COMPARTIMENTO DEL MOTOR

Si no hay acceso al asiento trasero, se puede desconectar el sistema de alta tensión mediante el corte de la línea piloto de un cable con una etiqueta amarilla situado en el compartimento motor.
Con este procedimiento sólo se desconecta la alta tensión. Los sistemas de retención permanecen activos.

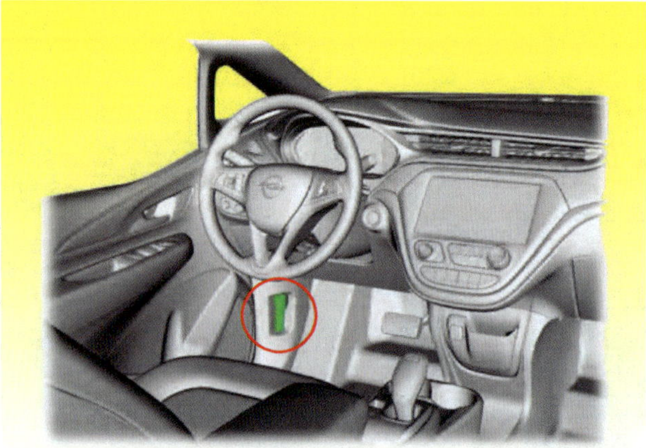
Cortesía de Opel. © Opel

1.- Libere el capó de compartimento motor estirando de la palanca situada en el montante A, abajo a la izquierda.

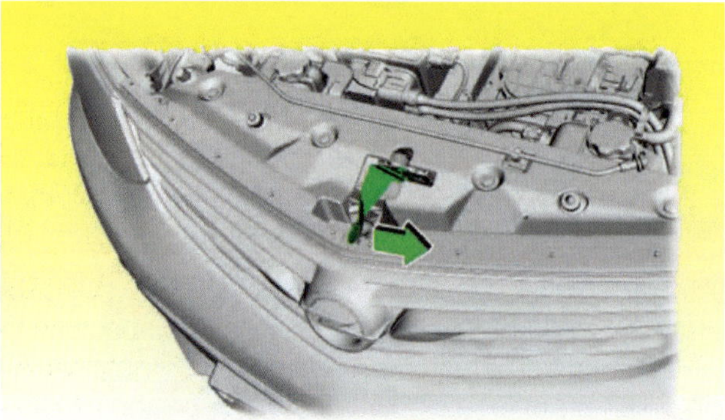
Cortesía de Opel. © Opel

2.- Abra el capó del compartimento motor actuando sobre la palanca de seguro.

Cortesía de Opel. © Opel

3.- Corte el cable de 12 voltios situado a la izquierda del compartimento motor, cerca de la batería de 12 voltios.
El cable a cortar está señalizado mediante una etiqueta de color amarillo con pictograma de casco de bombero y tijeras.

Este procedimiento corta la línea piloto y se desconecta la alta tensión.
Los airbags y pretensores continúan activos.

HOJA DE RESCATE DEL OPEL AMPERA-e

DESACTIVACIÓN DEL SISTEMA DE ALTO VOLTAJE
MÉTODO ALTERNATIVO C: CARROCERÍA INFERIOR DEL VEHÍCULO

Si no hay acceso al interior del vehículo ni al compartimento motor, se puede desconectar el sistema de alta tensión mediante la desconexión de los cables de señal de 12 voltios situados en los bajos del vehículo. Con este procedimiento sólo se desconecta la alta tensión. Los sistemas de retención permanecen activos.

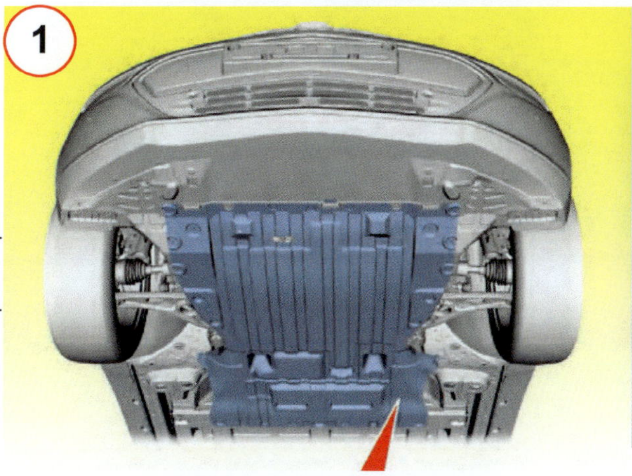

Cortesía de Opel. © Opel

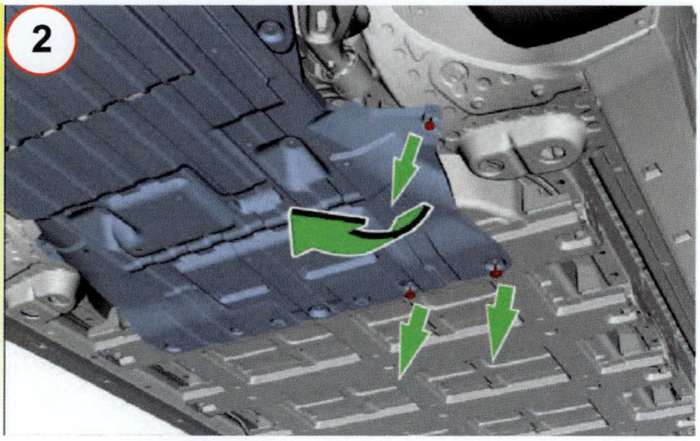

1.- Elevar el vehículo para poder acceder a la parte inferior de la carrocería.
2.- Extraer los fijadores del panel de plástico situado después del revestimiento inferior del motor.

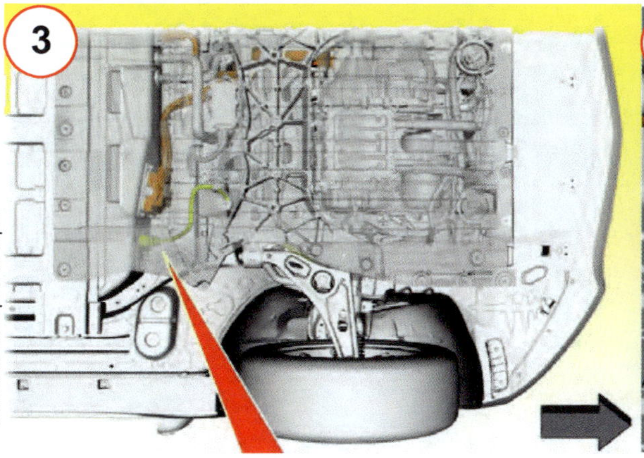

Cortesía de Opel. © Opel

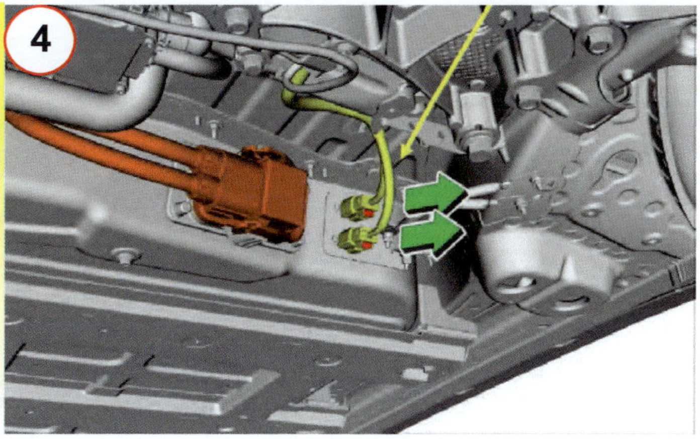

3.- Ubicación de los conectores de 12 voltios.
4.- Liberar los seguros y extraer los conectores indicados en la imagen.

- Mediante la desconexión de estos dos conectores, se corta la alimentación de la Unidad de Control Electrónico de la batería. Por consecuencia se abren los relés principales de alta tensión de la batería y se desconecta todo el sistema de alta tensión.

- No hay tensión en el cableado, en el inversor, en el motor, en el compresor, ni en ningún componente de alta tensión, pero la batería continúa cargada y con peligro potencial.
- Los airbags y pretensores continúan activos.
- Antes de intervenir en el sistema de alta tensión, hay que asegurar el estado sin tensión del vehículo verificando con un voltímetro la ausencia de tensión.

HOJA DE RESCATE DEL OPEL AMPERA-e

INFORMACIÓN ADICIONAL SOBRE LA BATERÍA DE ALTA TENSIÓN

Cortesía de Opel. © Opel

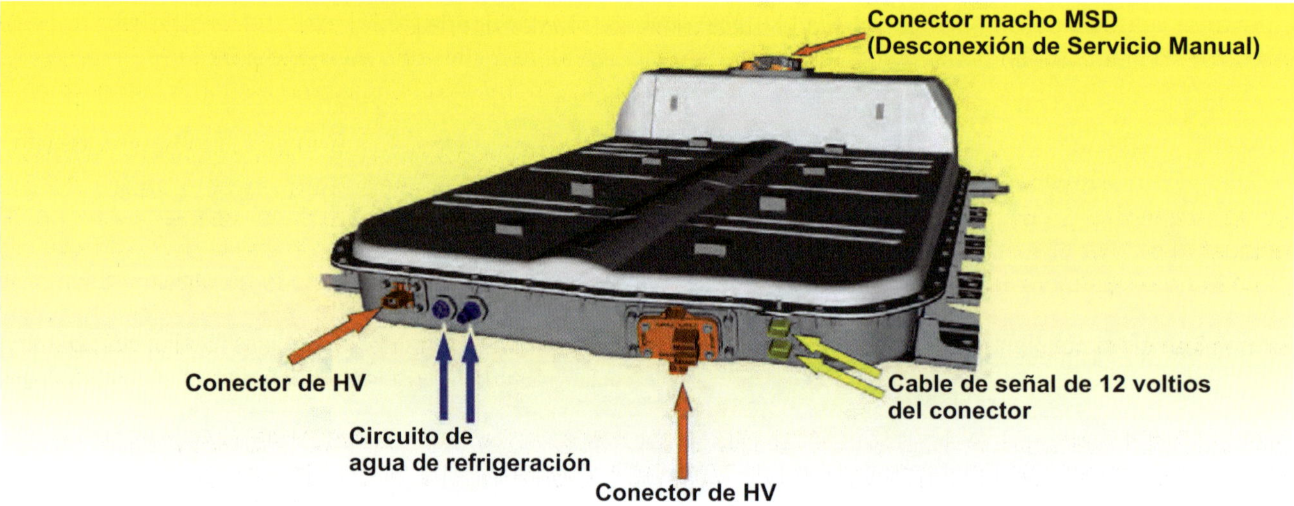

Cortesía de Opel. © Opel

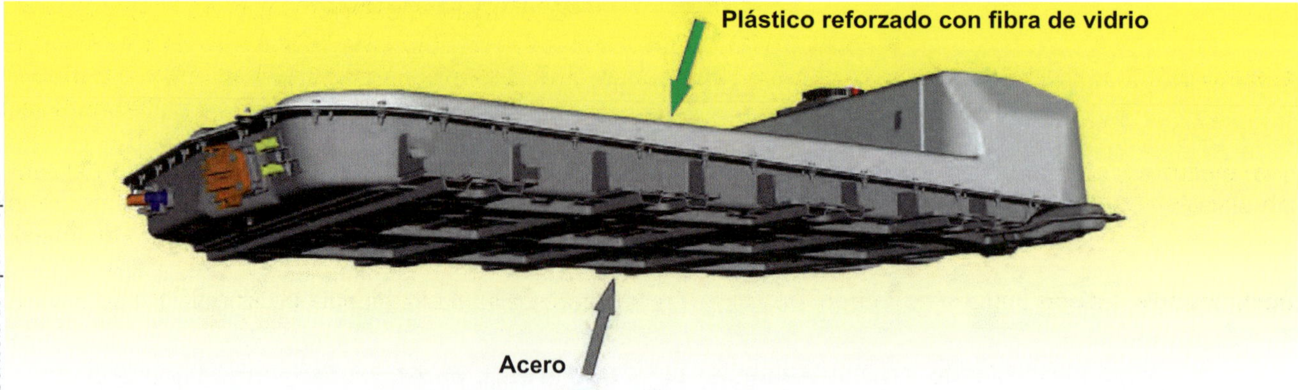

Cortesía de Opel. © Opel

- Tensión máxima de la batería de alto voltaje HV: 400 voltios.
- Peso de la batería de alto voltaje HV: 430 Kg.
- Cantidad de agua de refrigeración: 10 litros.

HOJA DE RESCATE DEL OPEL AMPERA-e

PRECAUCIONES PARA EL REMOLQUE/RECUPERACIÓN DEL VEHÍCULO

Cortesía de Opel. © Opel

Todos los vehículos eléctricos suelen llevar una etiqueta con la información necesaria para casos de emergencia.

- Como norma general, el vehículo no debe ser remolcado con las ruedas apoyadas en el suelo y girando. El motor puede generar corriente y en el caso de cables dañados se puede provocar un cortocircuito o una descarga eléctrica sobre el operador o socorrista.
- Para el transporte de un vehículo eléctrico accidentado, lo ideal es colocarlo sobre una plataforma.

- A título de ejemplo se expone la información en el Opel Ampera-e: la etiqueta con la información de emergencia se encuentra ubicada en el marco de la puerta (pilar B) del lado conductor.

1.- Después de un accidente, transporte el vehículo sobre una grua de remolque con plataforma plana.
2.- Sitúe el vehículo en un área de estacionamiento al aire libre y suficientemente alejado de otros objetos o vehículos. Distancia mínima 15 metros.
2b.- No coloque el vehículo sobre materiales combustibles.
2c.- Rodee el vehículo con una cinta de barrera.
2d.- Identifique el vehículo, hay que etiquetarlo como vehículo de alto voltaje.
2e.- Si es necesario, por ventanillas dañadas, proteja el compartimento motor y el interior del vehículo contra la entrada de agua.
3.- Llame al servicio de asistencia de la marca al teléfono indicado en la etiqueta.
3b.- Consulte al servicio de asistencia cualquier requisito de conducción adicional para el vehículo.
3c.- El código QR permite obtener la hoja completa de datos de rescate en la página WEB de la marca.

TRANSPORTAR EL VEHÍCULO ACCIDENTADO SIEMPRE SOBRE UNA PLATAFORMA PLANA

MÓDULO ELECTRÓNICO DE POTENCIA, CONVERSOR-INVERSOR

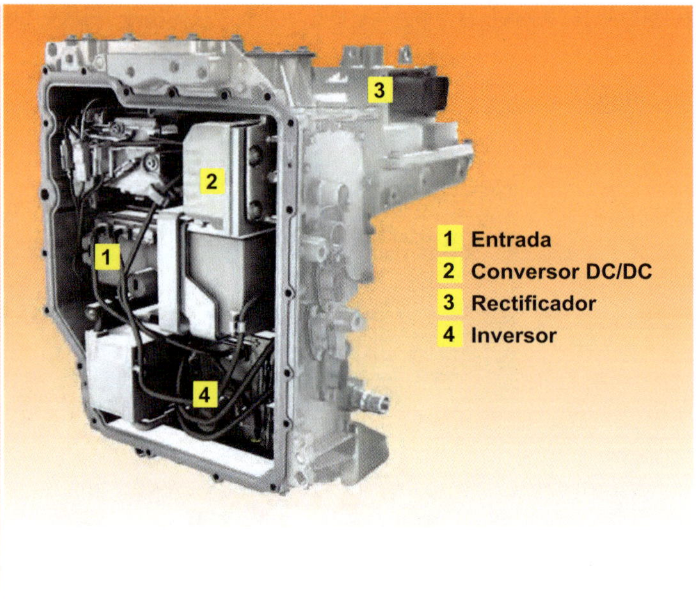

El conversor-inversor o módulo electrónico de potencia es un sistema compuesto por varios subsistemas eléctricos y electrónicos.
En su interior encontramos un inversor, un rectificador y un transformador.
El módulo de potencia es el encargado de gestionar los flujos de corriente entre la batería y el motor eléctrico en todos los modos de funcionamiento: cuando el motor empuja al vehículo y cuando el motor carga la batería en retenciones y frenadas.
El módulo de potencia gestiona corrientes de elevado voltaje e intensidad. Este trabajo genera inevitablemente calor y consecuentemente una ligera pérdida energética. Para evitar los problemas de sobrecalentamiento, el módulo de potencia necesita un eficaz sistema de ventilación y refrigeración.
Sus funciones son:
1.- Convertir la alta tensión continua de la batería en alta tensión alterna para el motor eléctrico de tracción.
2.- Convertir la alta tensión alterna del motor de tracción cuando trabaja como generador en alta tensión continua para cargar la batería.
3.- Transformar la alta tensión de la batería en tensión de 12 voltios para cargar la batería de la red de a bordo.

ESQUEMA ELÉCTRICO DEL CONVERSOR-INVERSOR

Esencialmente dispone de un conector de entrada de alta tensión procedente de la batería. Una salida de baja tensión hacia la batería de la red de a bordo. Una salida de corriente alterna trifásica hacia el motor de tracción y los sistemas de seguridad necesarios para evitar riesgos eléctricos.

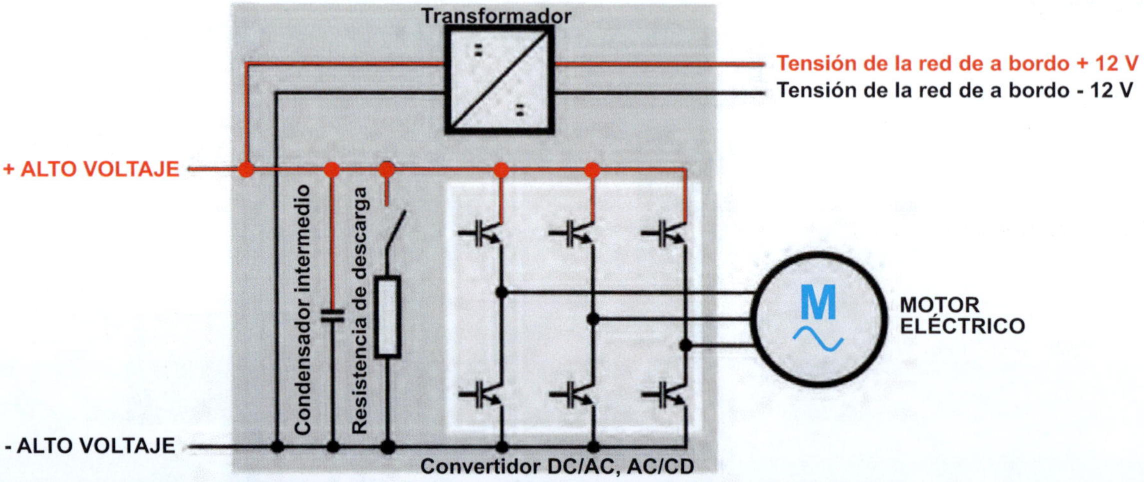

MÓDULO ELECTRÓNICO DE POTENCIA, CONVERSOR-INVERSOR

INVERSOR

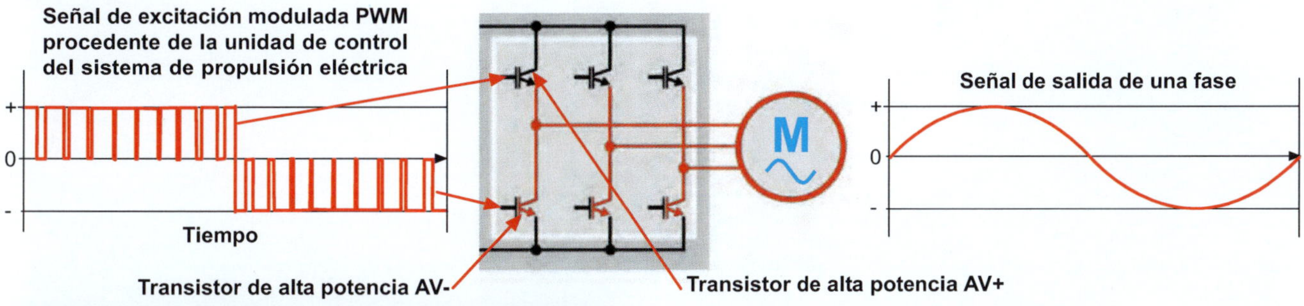

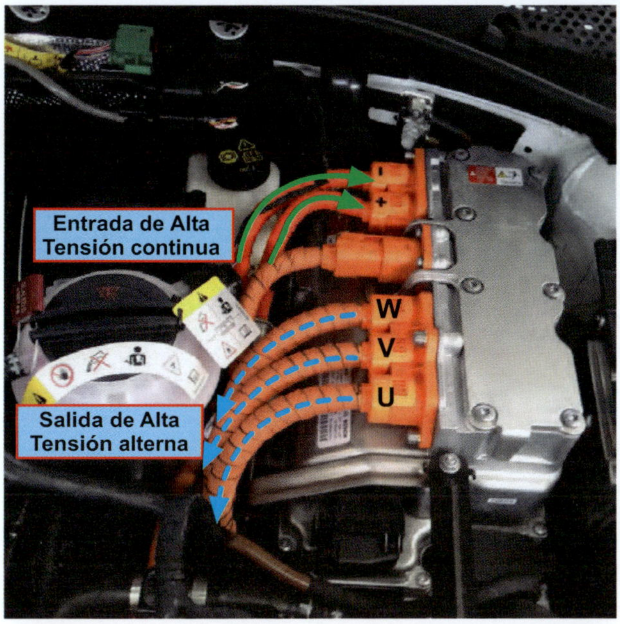

Es el dispositivo electrónico que convierte la corriente continua de la batería, en corriente alterna trifásica necesaria para alimentar el motor eléctrico del vehículo. La conversión de continua a alterna se realiza mediante un sistema de interruptor electrónico, que cambia la polaridad de la corriente extraída de la batería de forma cíclica y regular.

Estas fluctuaciones bruscas inducen una corriente alterna en el transformador, con la frecuencia y voltaje requeridos por el motor en cada momento según las necesidades potencia y revoluciones necesarias.

La señal de excitación para los transistores de potencia es generada por la unidad de control del motor en función de la información recibida desde el acelerador y de otros parámetros referidos a la conducción y estado del motor.

El inversor dispone de un sistema de refrigeración líquida, para evacuar el exceso de temperatura provocado por las altas intensidades de corriente que controla.

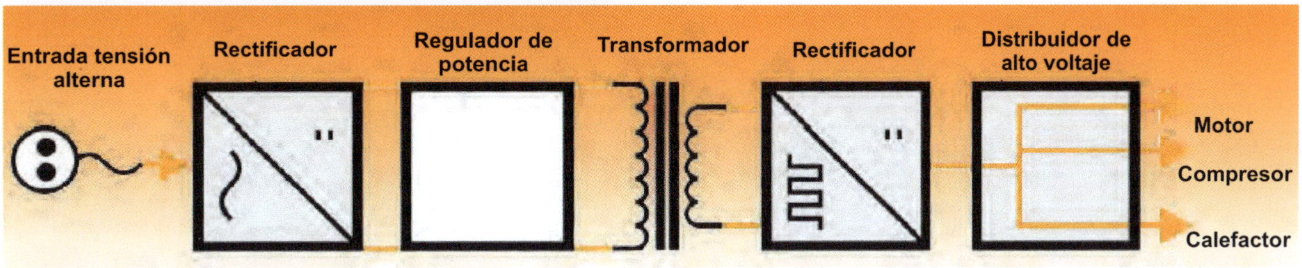

TRANSFORMADOR AC/DC

Las baterías y los motores eléctricos trabajan a voltajes diferentes. Los motores de tracción suelen funcionar a tensiones de 600-650 voltios de corriente alterna (AC). Las baterías disponen de un voltaje de entre 300 y 600 voltios de corriente continua (DC).

Por tanto es necesario además de un sistema que rectifique y cambie las frecuencias, un transformador que armonice las tensiones.

RECTIFICADOR

Es el elemento que realiza el trabajo contrario al inversor, es decir, transforma la corriente alterna procedente del motor, cuando está funcionando como generador en la frenada regenerativa y la convierte en corriente continua que puede ser almacenada de nuevo en la batería.

El funcionamiento es similar a un sistema de puente rectificador utilizado en los alternadores. La diferencia principal radica en que aquí, se utilizan transistores de potencia que soportan altas intensidades en lugar de diodos rectificadores.

CARGADOR DE BATERÍA

CARGADOR DE BATERÍA RENAULT

Cortesía de Renault. © Renault

CARGADOR DE BATERÍA NISSAN

Cortesía de Nissan. © Nissan

Es el componente que recibe la tensión alterna de la red eléctrica de 220 voltios y la transforma en tensión continua para cargar la batería de alta tensión.

Ha de ser capaz de rectificar la corriente alterna de la red de 110 o 220 voltios, de una toma estándar doméstica o de un punto de recarga público y transformarla en tensión continua adecuada para cargar la batería de alta tensión.

Renault dispone de un cargador de batería al que denomina camaleón, que anuncia como el único cargador del mercado capaz de alimentarse en el 100% de los puntos de carga Europeos. Desde un enchufe convencional de una vivienda hasta los puntos de recarga ultrarápida.

CARGADOR DE BATERÍA VOLKSWAGEN

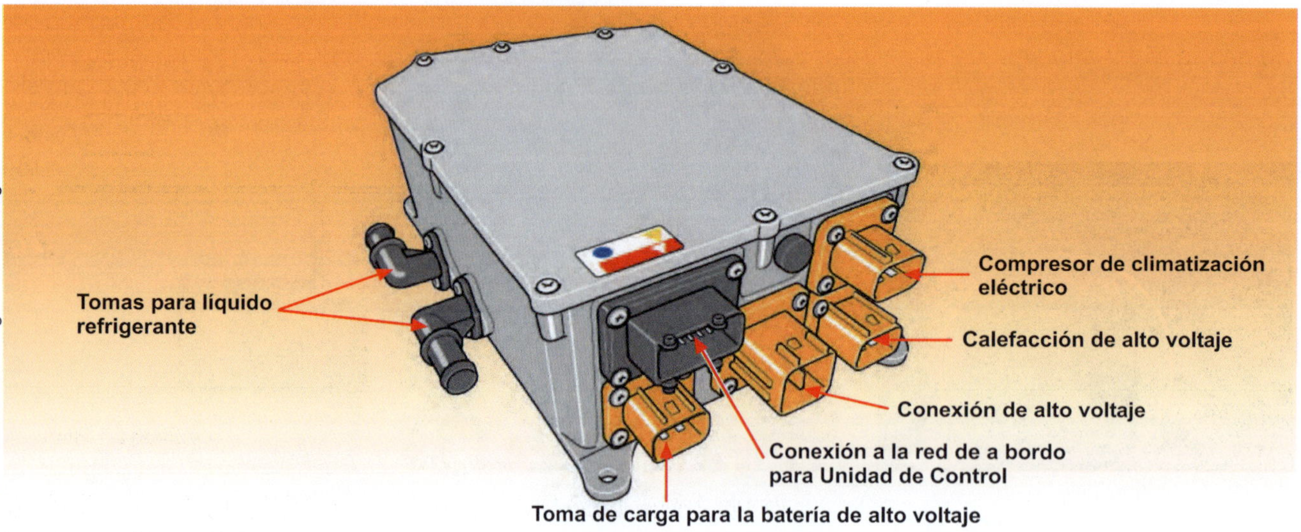

Cortesía de Volkswagen. © Volkswagen

Los cargadores de batería disponen de una Unidad de Control electrónico que gestiona todo el proceso de carga, se comunica con la estación de carga y detiene el proceso cuando la batería está cargada o existe alguna avería.

En los cargadores se suele instalar un distribuidor de conexiones para la calefacción de alto voltaje y el climatizador del aire acondicionado.

DATOS TÉCNICOS DEL CARGADOR DE VOLKSWAGEN

	En todo el mundo	Excepción para Norteamérica
Entrada de corriente alterna	100/240V, 16A	100/240V, 1x32A/2x16A
Salida de corriente continua	220/450V, 12A	220/450V, 25A
Rendimiento	93%	94%
Peso	5,8Kg	7,2K

UNIDAD DE CONTROL ELECTRÓNICO DEL MOTOR

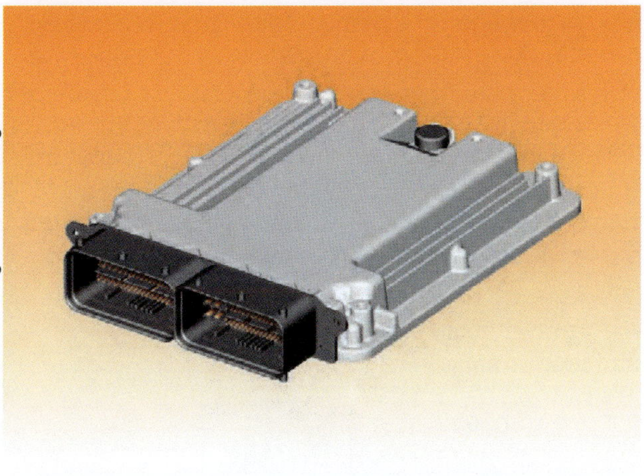
Cortesía de Volkswagen. © Volkswagen

Cortesía de Renault. © Renault

Es la Unidad de Control Electrónico o denominado por Renault controlador, que asume unas funciones similares a las de un controlador de los motores de combustión.
Recibe las órdenes del conductor respecto a aceleración o frenada, la información de los sensores del motor como revoluciones y sentido de giro, la información de la temperatura del motor, la necesidad de climatización, la necesidad de calefacción, etc.
Con estos datos supervisa y coordina todos los elementos del sistema de regulación.
El desarrollo de los sistemas de gestión electrónica de las últimas décadas hacen posible la manejabilidad, seguridad y autonomía de los vehículos eléctricos.

FUNCIONES ASUMIDAS POR LA UNIDAD DE CONTROL DEL MOTOR O CONTROLADOR

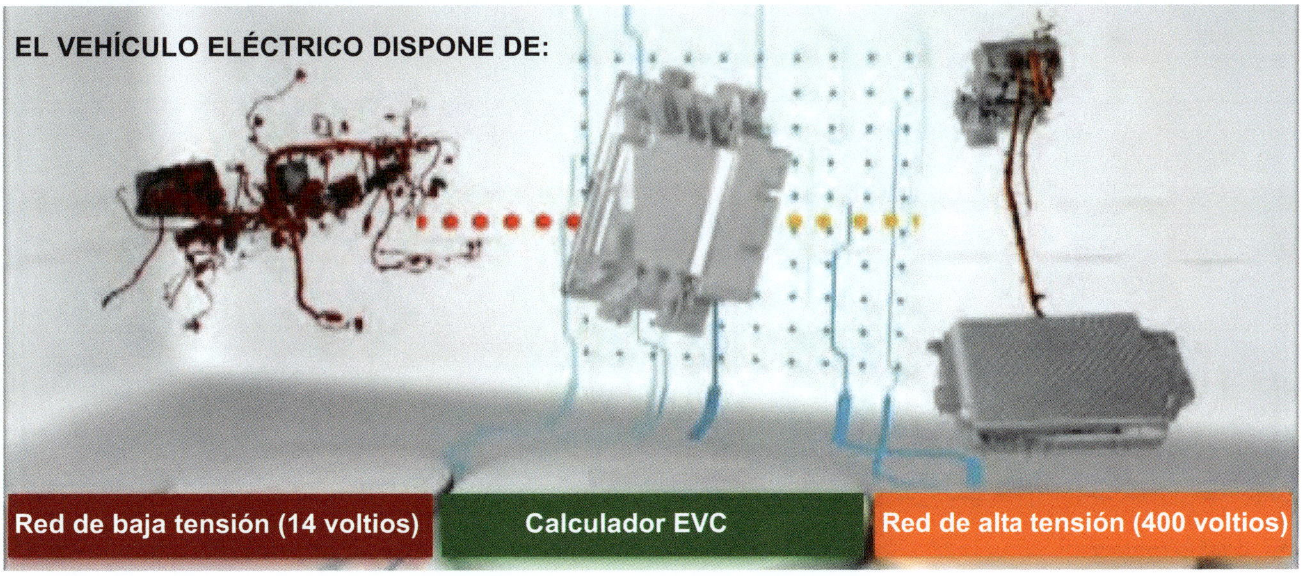

Cortesía de Renault. © Renault

- Gestión de funcionamiento del motor eléctrico como impulsor y como generador.
- Control de los circuitos de refrigeración del motor, del conversor, de la batería y del cargador de batería.
- Indicación al conductor del funcionamiento del sistema eléctrico.
- Vigilancia y coordinación de los componentes de alto voltaje y los de bajo voltaje.
- Gestiona el funcionamiento del compresor para la climatización del vehículo.
- Gestiona el funcionamiento del sistema de calefacción del vehículo.

La Unidad de Control Electrónico también está activa durante el proceso de carga desde la red eléctrica. Cuando se conecta el cable de carga vigila el correcto funcionamiento de todos los componentes de alto voltaje y habilita la carga. También controla la refrigeración del cargador y de la batería durante la carga. Si se produce alguna incidencia, detiene el proceso de carga.
Controla e impide la puesta en marcha del vehículo durante el proceso de carga.

CALEFACCIÓN ELÉCTRICA DE ALTA TENSIÓN PTC

Para calefactar el vehículo se suele utilizar una caja de resistencias del tipo PTC alimentadas con alta tensión. Estas resistencias calientan el líquido para la calefacción y mediante una bomba eléctrica de 12 voltios se hace circular por el radiador de calefacción del habitáculo.
En algunos vehículos y con la finalidad de aumentar la autonomía, se utiliza un circuito de calefacción adicional dotado de un quemador de gasolina o gasoil. Este sistema tiene el inconveniente de que hay que instalar un pequeño depósito de combustible.
Normalmente, el sistema de calefacción se puede programar para que empiece a calentar el vehículo un tiempo antes de necesitarlo. Si el vehículo no está conectado a la red o la batería está descargada, la función precalentamiento o refrigeración no se activa.

Cortesía de Volkswagen. © Volkswagen

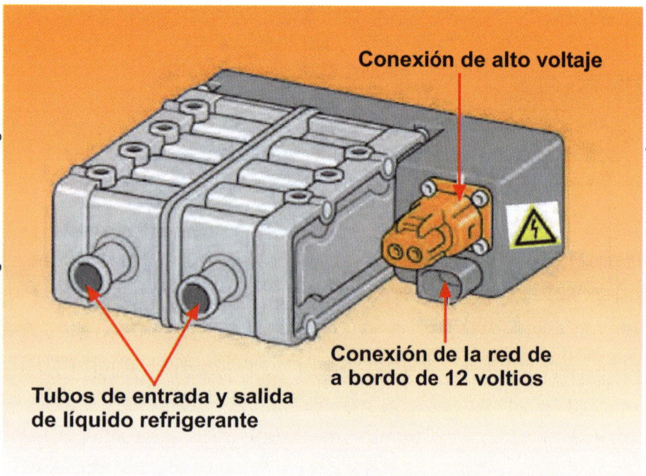

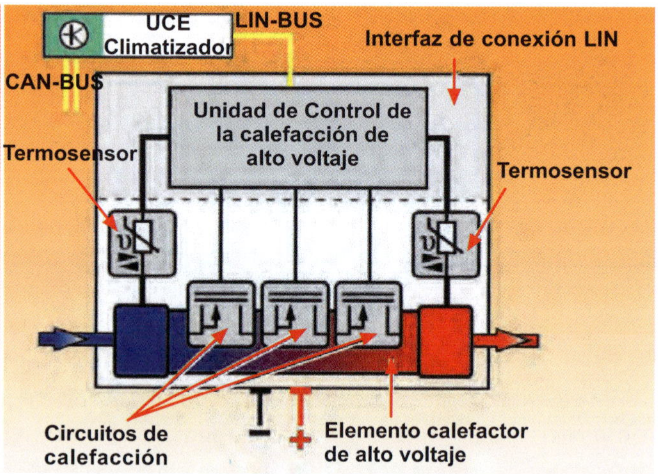

La calefacción del tipo PTC de alto voltaje está conectada a la red de alto voltaje mediante un cableado de color naranja. Hay que verificar la ausencia de tensión antes de manipular el conector de alta tensión. **Sólo un Técnico en Alto Voltaje (HVT) está autorizado a manipular el circuito de calefacción de alto voltaje.** Mediante una conexión de la red de abordo de 12 voltios, se establece la comunicación con la Unidad de Control Electrónico del climatizador, normalmente se utiliza una línea LIN-BUS.

La calefacción de alto voltaje PTC es controlada por la Unidad de Control del climatizador. Mediante dos termosensores, se controla la temperatura de entrada y salida de la caja de resistencias. El rendimiento térmico de la calefacción puede regularse entre el 0 y el 100% en función de las necesidades de calefacción. Para regular correctamente la temperatura, en la caja de resistencias se instalan 3 elementos calefactores que son excitados por la Unidad de Control de la calefacción de alto voltaje integrada en la caja de resistencias. Normalmente, dos resistencias son excitadas con una señal modulada por ancho de pulso PWM según la intensidad solicitada y la tercera resistencia es conectada o desconectada directamente sin necesidad de regulación.

La potencia aproximada suele ser de unos 5,5 Kw. Puede trabajar a tensiones comprendidas entre 180 y 340 V DC. El consumo máximo de corriente se sitúa en los 30 A.
El nivel de aislamiento mínimo para AC y DC ha de ser de 100 MΩ.

Cortesía de Volkswagen. © Volkswagen

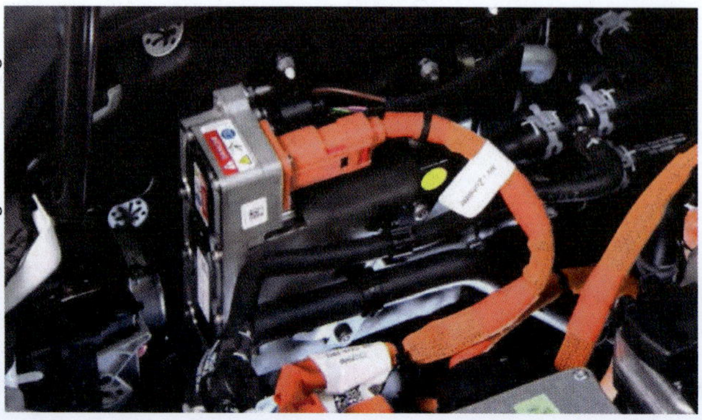

Cortesía de Renault. © Renault

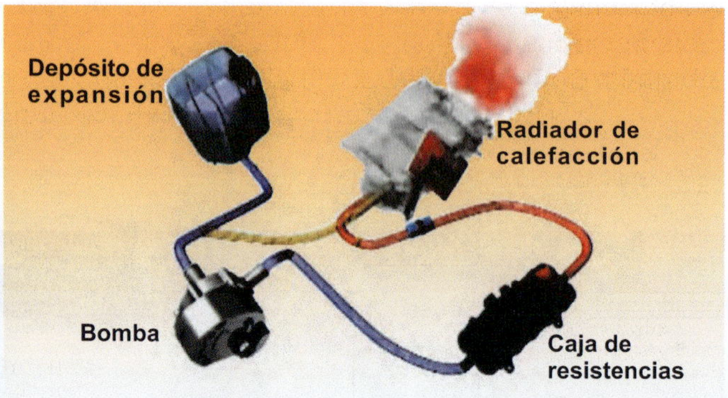

CALEFACCIÓN COMBINADA PTC Y CALDERA

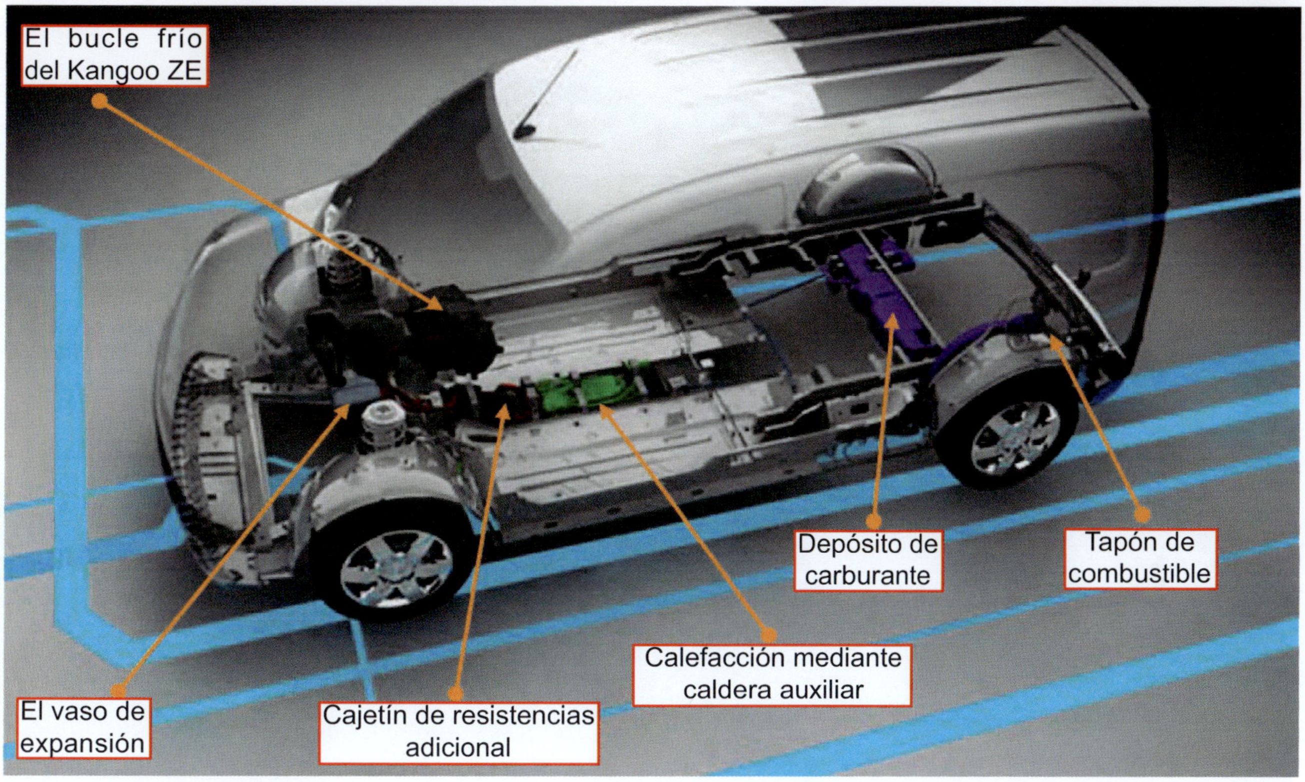

Cortesía de Renault. © Renault

Con el objetivo de aumentar la autonomía, se puede instalar un circuito de calefacción mediante una caldera auxiliar que puede ser alimentada con gasoil, biodiesel o gasolina.
Para alimentar la caldera, es necesario un depósito de carburante que en el caso del Renault Kangoo ZE es de 13 litros. Incorpora espuma integrada para atenuar el ruido de chapoteo del combustible. Cuando en el depósito quedan 3 litros de combustible, se avisa al conductor encendiendo un testigo de reserva.

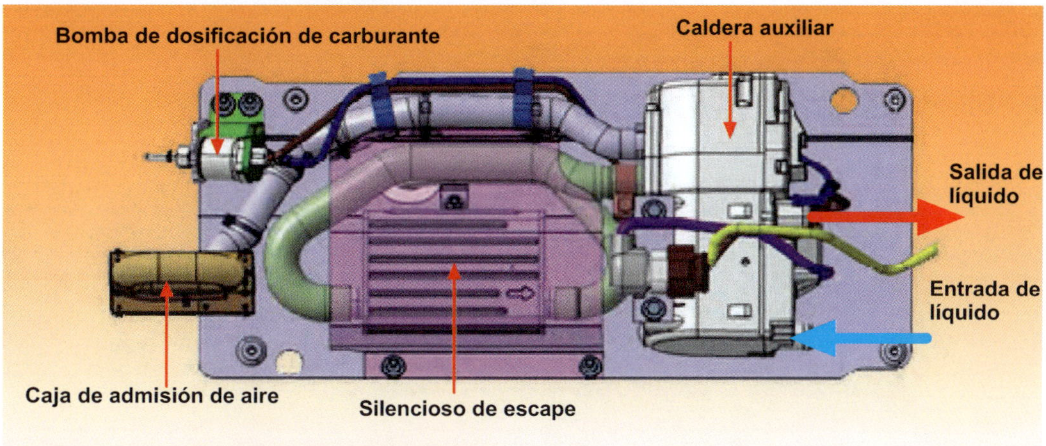

Cortesía de Renault. © Renault

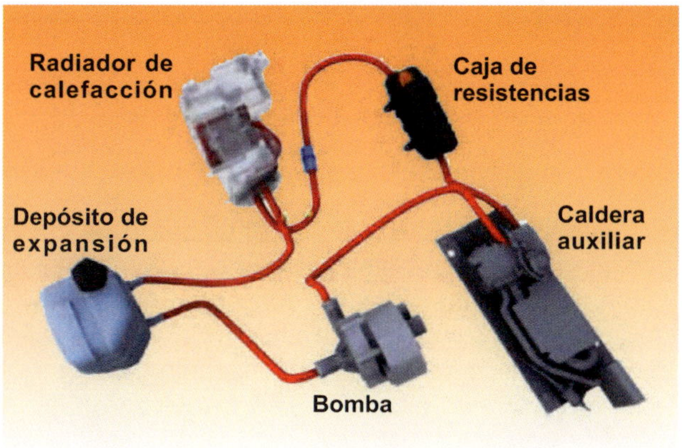

Cortesía de Renault. © Renault

En el sistema con caldera auxiliar, la conexión del depósito de líquido es caliente, el líquido también circula por el depósito.
Con esta conexión se garantiza la correcta circulación del líquido por todo el circuito.
El depósito auxiliar se utiliza para comprobar el nivel y la cantidad de líquido caliente disponible.
La circulación del líquido es forzada con una bomba eléctrica autónoma de calefacción de 12 voltios.
Una flecha en la carcasa indica el sentido de circulación del líquido.

COMPRESOR ELÉCTRICO DE ALTA TENSIÓN

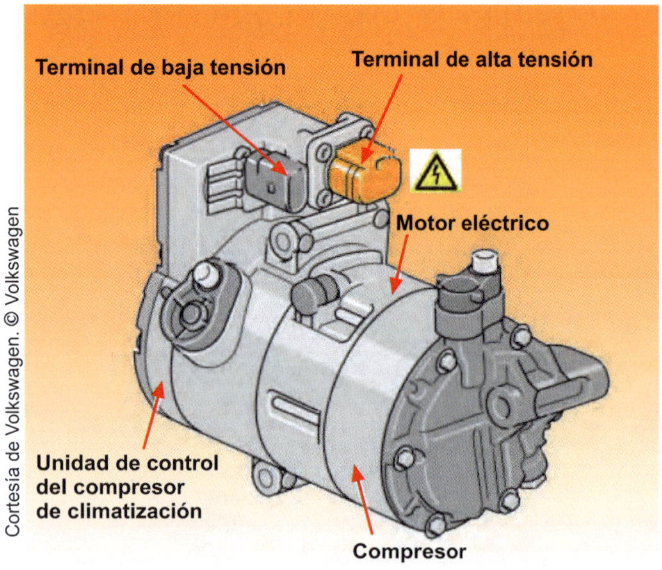

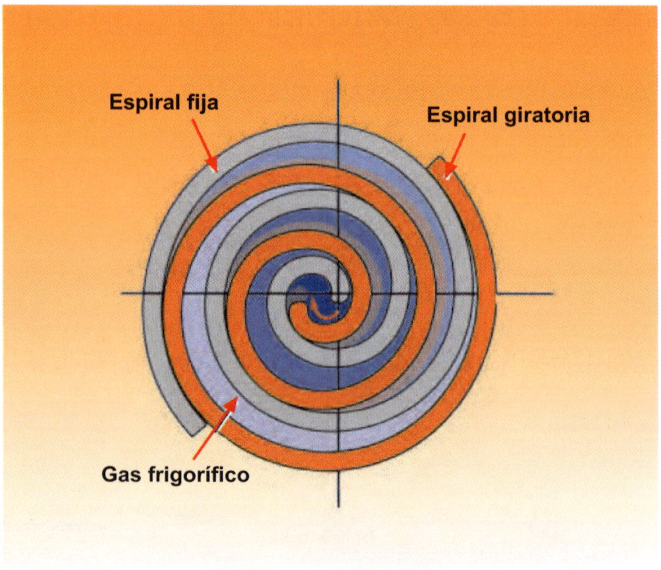

El compresor es el encargado de hacer circular el fluido refrigerante (R134A o R1234YF) por el evaporador y el condensador del equipo de climatización.
El motor del compresor está alimentado con alta tensión procedente de la batería. Puede integrar una Unidad de Control del compresor que se comunica mediante una línea LIN-BUS con la Unidad de Control de climatización.

COMPRESOR EN ESPIRAL

El compresor utilizado en los vehículos eléctricos suele ser del tipo espiral o scroll, constituido por dos espirales engranadas. Una espiral es fija y la otra giratoria.
La espiral giratoria es impulsada por el motor eléctrico mediante una excéntrica y describe una trayectoria circular.
Con el movimiento excéntrico de las espirales se van formando varias cámaras cada vez más pequeñas, con lo que se consigue comprimir el fluido refrigerante.

BUCLE FRÍO SIMILAR AL DE LOS MOTORES DE COMBUSTIÓN

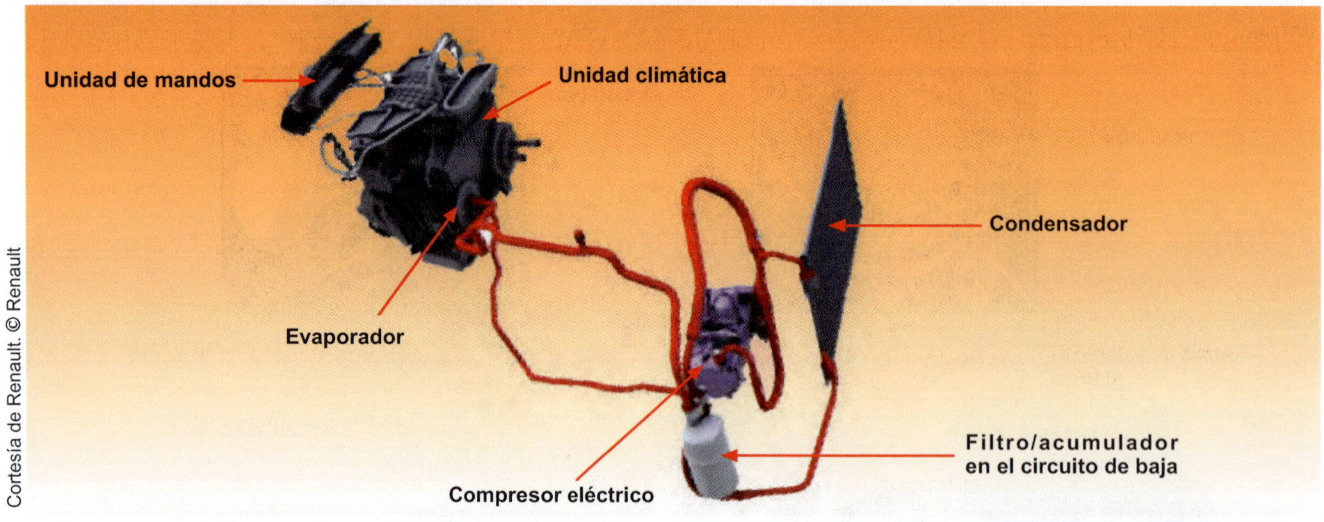

El equipo de climatización utilizado en los vehículos eléctricos es prácticamente idéntico al utilizado en los motores de combustión, a excepción del compresor que es accionado con corriente eléctrica de alto voltaje. La regulación suele ser por orificio calibrado y filtro acumulador en el circuito de baja. El aceite utilizado en el compresor es un PAE especial no conductor de la electricidad.

El compresor está conectado a la red de alto voltaje mediante un cableado de color naranja. Hay que verificar la ausencia de tensión antes de manipular el compresor. **Sólo un Técnico en Alto Voltaje (HVT) está autorizado a manipular el compresor de alto voltaje.**

CLIMATIZACIÓN MEDIANTE BOMBA DE CALOR

EQUIPO DE CLIMATIZACIÓN EN RENAULT ZOE CON BOMBA DE CALOR

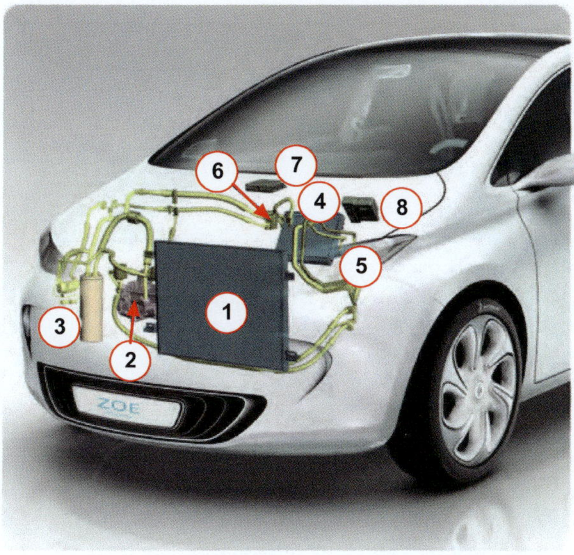

Cortesía de Renault. © Renault

Modificando ligeramente el circuito de aire acondicionado, es posible generar calor y frío con el mismo equipo de climatización.

Los componentes empleados son:

1.- Condensador/evaporador externo delantero.
2.- Compresor eléctrico de alto voltaje.
3.- Filtro/acumulador.
4.- Condensador en interior del habitáculo.
5.- Evaporador del interior del habitáculo.
6.- Válvula expansora de orificio calibrado.
7.- Calculador de climatización del automóvil.
8.- Calculador para la bomba de calor.
9.- Turbina de aire fresco.
10.- Electroválvula.
11.- Electroválvula.

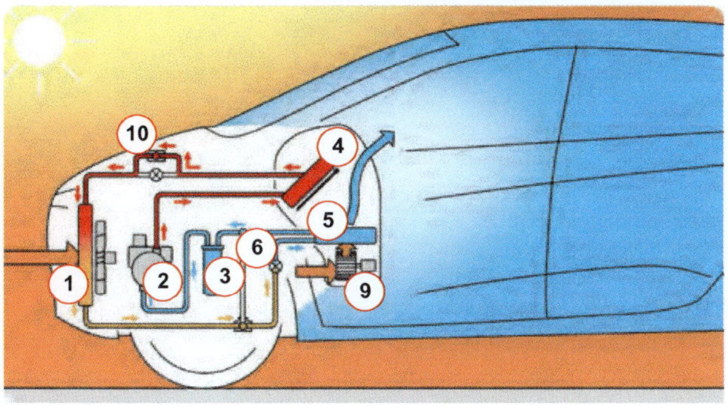

Cortesía de Renault. © Renault

CIRCUITO FUNCIONANDO EN MODO CLIMATIZACIÓN PARA REFRIGERAR EL HABITÁCULO

Mediante la activación de la electroválvula (10) se crea un by-pass que anula la válvula expansora colocada antes del condensador exterior.

El compresor hace circular el fluido refrigerante por los dos condensadores (1) y (4).

La válvula expansora de orificio calibrado (6) baja la presión del fluido que entra al evaporador (5).

El caudal de aire es regulado mediante la turbina de aire fresco (9).

La trampilla de calefacción está cerrada y el aire frío entra al habitáculo.

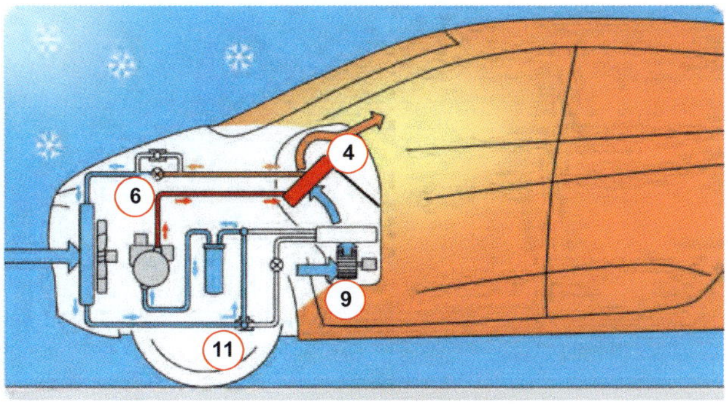

Cortesía de Renault. © Renault

CIRCUITO FUNCIONANDO EN MODO CALEFACCIÓN PARA CALENTAR EL HABITÁCULO

Mediante la activación de la electroválvula (11) se anula el paso de fluido refrigerante hacia el evaporador del interior del habitáculo.

El compresor hace circular fluido refrigerante por el condensador interior (4).

La válvula de expansión de orificio calibrado (6) baja la presión del gas que se dirige hacia el condensador exterior que ahora funciona como evaporador. La turbina (9) impulsa aire que al pasar por el condensador (4) se calienta y entra al habitáculo.

GESTIÓN DE CARGA Y CONECTORES DE CARGA

Actualmente no existe un conector universal de carga para todos los vehículos eléctricos. Existen en el mercado diferentes conectores en función de los países de fabricación.
Los tiempos de carga serán diferentes en función de la estación de carga utilizada, la capacidad de la batería y si la carga se realiza con corriente alterna (carga lenta) o con corriente continua (carga rápida).
Como norma, todos los conectores de carga disponen de un sistema de bloqueo que impide la desconexión del cable cuando se cierra el vehículo.
Durante el proceso de carga, por motivos de seguridad, no es posible poner en marcha el motor eléctrico.

CONECTOR CCS COMBO O COMBO 2 EUROPEO

Es un conector desarrollado por empresas Europeas y Americanas que constituye el estándar Europeo para la carga rápida con corriente continua. El conector dispone de unos cables de comunicación y otros de carga.

PARA CARGA CON ALTERNA

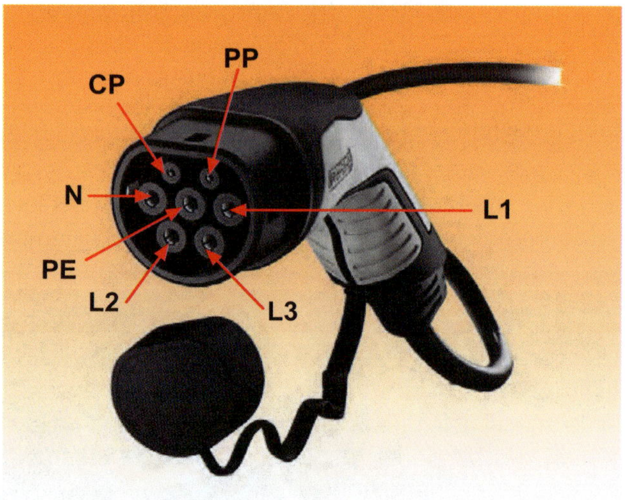

PARA CARGA CON CONTINUA

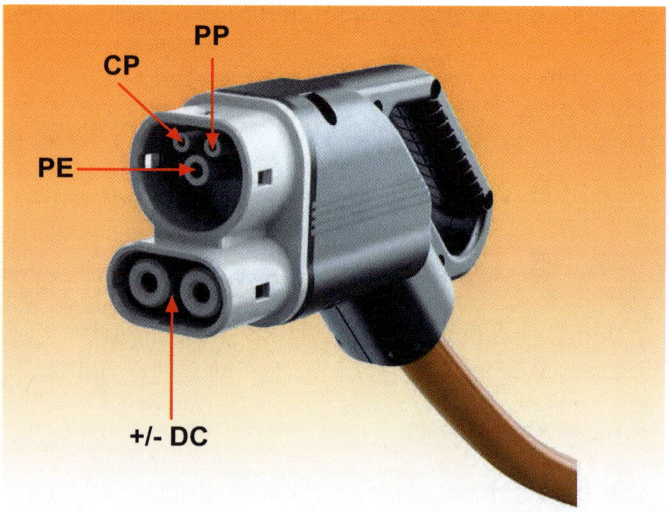

CP.- Control Pilot, cable de comunicación que autoriza o cancela la carga por parte del vehículo.
PP.- Proximity, cable de comunicación que controla la intensidad máxima de la corriente y la sección de los conductores.
PE.- Protected Earth, cable de masa.
N.- Conductor neutro.
L1.- Cable de fase
L2.- Cable de fase (no utilizado)
L3.- Cable de fase (no utilizado)
+/- CD.- Cables de carga rápida con corriente continua.

PARA CARGA CON ALTERNA

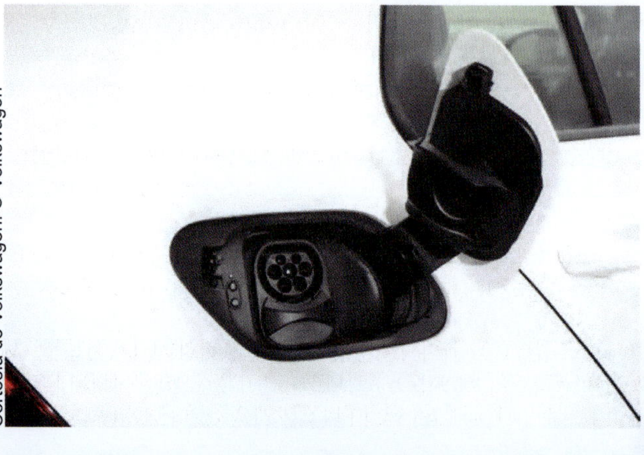

PARA CARGA CON CONTINUA

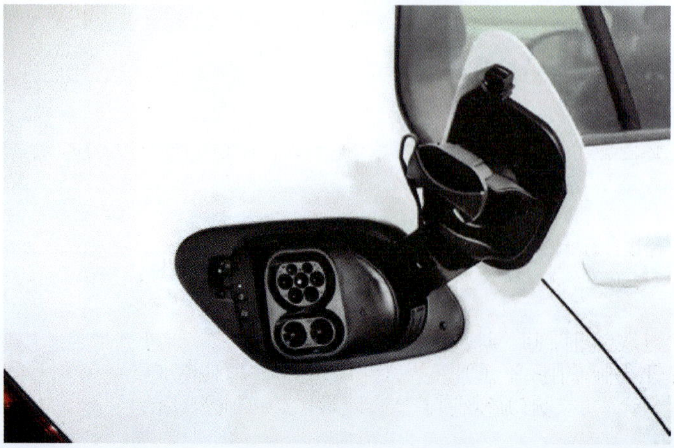

Cortesía de Volkswagen. © Volkswagen

GESTIÓN DE CARGA Y CONECTORES DE CARGA

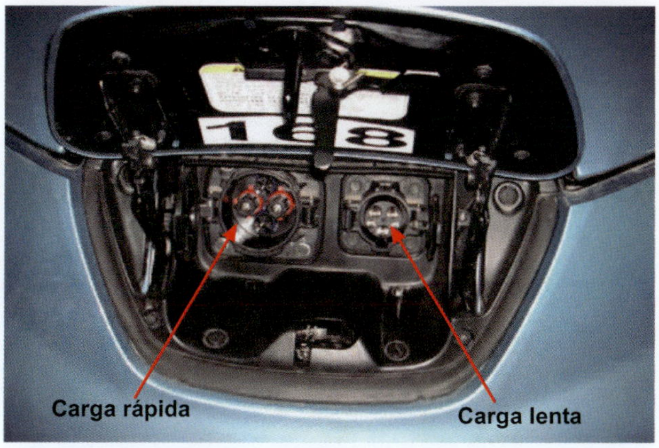

Cortesía de Nissan. © Nissan

CONECTOR ASIÁTICO CHAdeMO

Los vehículos japoneses, chinos y asiáticos en general dotan a sus vehículos con dos conectores de carga. Uno para carga rápida en continua y otro para carga lenta mediante corriente alterna.

Además de los cables de carga, los conectores disponen de cables de comunicación y control de la carga.

PARA CARGA LENTA CON ALTERNA

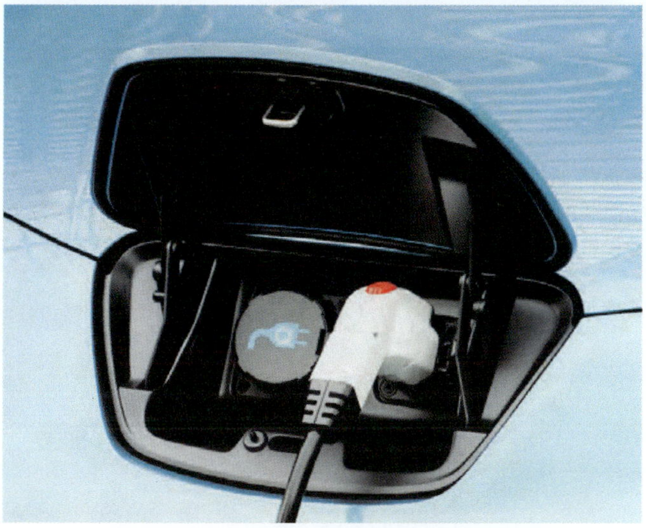
Cortesía de Nissan. © Nissan

PARA CARGA RÁPIDA CON CONTINUA

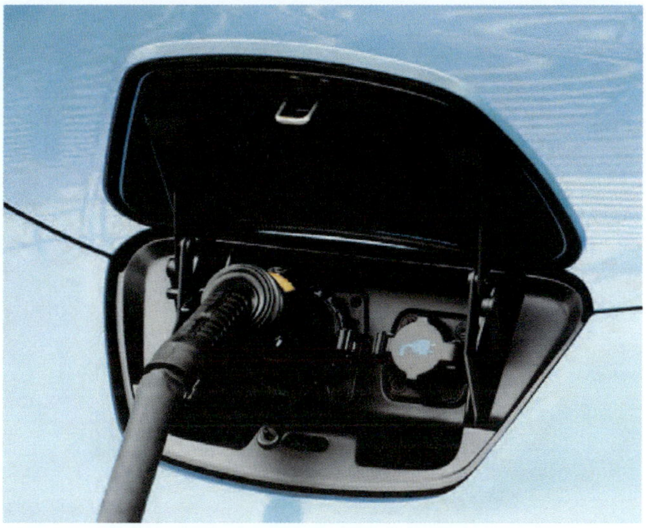

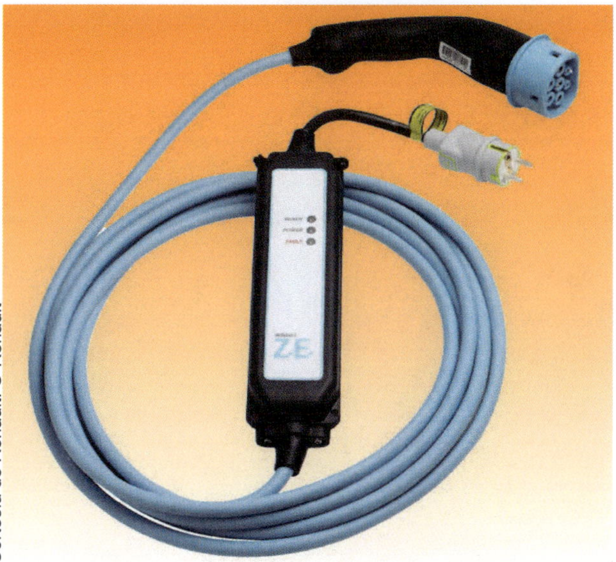
Cortesía de Renault. © Renault

TIPOS DE RECARGA DE LA BATERÍA

1.- Recarga ocasional. Se puede realizar a través de un enchufe convencional doméstico, (Shuko). La potencia máxima suele ser de 2,3 Kw (10A).

Al tratarse de un conector doméstico, la potencia está limitada por motivos de seguridad. Los tiempos de carga dependen de la capacidad de la batería, por ejemplo para una batería de 22 Kw/h se necesitan unas 12 horas y para una de 40 Kw/h son necesarias unas 20 horas. No es la recarga más adecuada para los vehículos eléctricos, pero es una solución en caso de necesidad.

2.- Recarga lenta. Es la que podemos realizar en nuestro domicilio a través de un punto de recarga específico o wallbox que gestiona el intercambio de energía entre el coche y la red. La potencia está entre los 3,3 y 7,3 Kw. Hay que seleccionar una potencia para poder cargar el vehículo durante la noche en 6 u 8 horas.

3.- Recarga acelerada. Se realiza con los postes de recarga de corriente trifásica situados en los centros comerciales, hoteles y entornos industriales. La potencia se sitúa entre los 11 y los 22 Kw y se puede cargar la batería entre 2 y 4 horas en función de su capacidad.

4.- Recarga rápida. Se trata de puntos de recarga de alta potencia, superior a 40 Kw situados en gasolineras o puntos de carga de vehículo eléctrico, en las vías públicas. Se puede recuperar la mayor parte de la batería, sobre el 80%, en un tiempo comprendido entre al media hora y la hora. La carga se efectúa directamente con corriente continua de 400V.

MANTENIMIENTO DE LOS VEHÍCULOS ELÉCTRICOS

MOTOR ELÉCTRICO VS MOTOR DE COMBUSTIÓN

Los motores eléctricos son aproximadamente tres veces más eficientes y consiguen mejor rendimiento que los motores térmicos. No sólo debido a su naturaleza energética sino también a su sencillez mecánica. Los motores eléctricos tienen menores pérdidas energéticas por calor y por rozamiento de elementos mecánicos.

EFICIENCIA ENERGÉTICA DE LOS MOTORES

Consideramos eficiencia o rendimiento de un motor, a la proporción de energía que nos entrega de salida en función de la energía potencial que le entregamos para transformar a la entrada.
Si a un motor Diesel le entregamos una cantidad de galóseo que contenga 10 julios de energía, considerando que el rendimiento medio de un motor Diesel se sitúa en torno al 30%, nos devolverá 3 julios en forma de energía de movimiento.
Dicho de otra manera, perdemos el 70% de la energía potencial disponible en el gasóleo. Estas pérdidas son debidas a: perdidas por rozamiento de elementos mecánicos, pérdidas por calor generado no utilizado (radiador, tubo de escape), pérdidas por movimiento de elementos anexos (bomba de agua, bomba de aceite), perdidas termodinámicas del proceso de combustión.

Si a un motor eléctrico le proporcionamos 10 julios (equivalentes a 10 vatios por segundo), nos devolverá en fuerza de impulsión 9 julios. Es decir, el rendimiento energético se sitúa en el 90%. O mirándolo de otra manera sólo perdemos el 10% de la energía disponible.
Con estos datos podemos comparar lo que sucede bajo el capó de un vehículo eléctrico y otro térmico. **El motor térmico gasta el triple que un motor eléctrico para impulsar el mismo coche.**

Cortesía de Renault. © Renault

El motor perfecto sería aquel capaz de transformar toda la energía en movimiento, sin perder nada en el proceso. El motor que más se acerca a este objetivo es el eléctrico. La fuerza magnética es más eficaz que la fuerza de explosión. El motor eléctrico, debido a su sencillez mecánica, con una sola pieza giratoria en movimiento, evita perder la energía que absorben los cientos de piezas del motor térmico para el mismo proceso.

MANTENIMIENTO DE LOS VEHÍCULOS ELÉCTRICOS

Cortesía de Opel. © Opel

El vehículo eléctrico, nos puede parecer una novedad, pero en realidad llevamos muchos años utilizando los motores eléctricos en el transporte ferroviario. Ahora, esta tecnología se está utilizando con éxito en los vehículos automóviles.
Las baterías tampoco son elementos desconocidos, están ligadas desde siempre al automóvil. Las de Litio, son conocidas, usadas y cargadas por todos en los teléfonos móviles y ordenadores.
Esencialmente, las baterías utilizadas en el automóvil son las mismas que las de un ordenador portátil pero en más cantidad.
En un vehículo eléctrico vamos a sustituir una serie de componentes por otros mas sencillos. Eliminaremos el motor térmico, la caja de cambios, el tubo de escape y el depósito de carburante. Dejaremos igual: la batería de 12 voltios, el radiador, algunas pequeñas cosas como el depósito de líquido de frenos, la bomba de frenos, el compresor de aire acondicionado y algunas bombas de refrigerante.
En lugar del motor térmico, colocaremos un motor eléctrico similar al de una batidora de cocina pero cinco veces más grande, le acoplaremos una caja de transmisión sin marchas con una reductora, un diferencial y unos paliers para dar movimiento a las ruedas.
También necesitamos una batería como la de un teléfono móvil pero de 200 Kg. de peso, con su cargador y un sistema de gestión electrónico de la alimentación del motor gobernado por el acelerador. Básicamente estos son los componentes de un coche eléctrico. Evidentemente como son menos y más sencillos, las averías y el mantenimiento van a ser menores en comparación con un coche de motor térmico.

COMPARATIVA DE MANTENIMIENTO DE UN COCHE ELÉCTRICO Y OTRO TÉRMICO		
TAREAS DE MANTENIMIENTO DEL VEHÍCULO	**ELÉCTRICO**	**TÉRMICO**
Cambio de aceite del motor	NO	SI
Cambio de aceite de la caja de cambios	NO	SI
Sustitución del filtro de aceite	NO	SI
Sustitución del filtro de aire	NO	SI
Sustitución del filtro de carburante	NO	SI
Cambio de la correa de distribución	NO	SI
Cambio de la correa de accesorios	NO	SI
Sustitución de filtro de habitáculo	SI	SI
Cambio del líquido de frenos	SI	SI
Cambio de líquido refrigerante	SI	SI
Control de la batería de 12 voltios	SI	SI
Control del sistema de frenos, desgaste pastillas	SI	SI
Comprobación de calculadores	SI	NO
Inspección técnica cableado y sistema de alta tensión	SI	NO
Cambio neumáticos	SI	SI
Cambio amortiguadores	SI	SI

Existen averías que podemos olvidar en el motor eléctrico, simplemente porque carecen de estos componentes como: rotura de la correa de distribución, catalizador o filtro de partículas obstruido, inyectores averiados o sucios, caudalímetro, bomba inyectora, turbo, junta de culata, puesta punto, correa de accesorios, sincronizadores del cambio, silentblokcs, alternador, bujías, motor de arranque, cambio de embrague, etc. Muchas de estas averías son debidas a desgaste de piezas móviles o acumulación de suciedad. El vehículo eléctrico tiene sobre un 60% menos de estas piezas. **Es evidente que tendrá menos tendencia a averías mecánicas.**

Respecto a los componentes específicos de los vehículos eléctricos como las baterías de alta tensión y los controladores de potencia, hay que decir que son mecánicamente pasivos y están demostrando que tienen una alta fiabilidad.

AUTONOMÍA DE LOS VEHÍCULOS ELÉCTRICOS

La autonomía de un vehículo es la distancia que puede recorrer entre repostajes. En el caso del vehículo eléctrico será la cantidad de kilómetros que es capaz de recorrer partiendo de la batería cargada al 100% hasta que se agota totalmente.
Es un dato muy relativo que depende en gran medida de muchos factores como:
- **Estilo de conducción:** mediante una conducción suave, sin aceleraciones bruscas y circulando a velocidad lenta o moderada se consigue mayor autonomía.
- **Circular de día o de noche:** el sistema de alumbrado del vehículo se alimenta indirectamente de la batería de alta tensión, por tanto circular con las luces encendidas reducirá la autonomía.
- **Utilización de la calefacción-climatización:** la calefacción se realiza mediante resistencias eléctricas alimentadas con la batería de alta tensión. El compresor de climatización también es eléctrico y alimentado por la batería de alta tensión. Es decir, el uso de la calefacción o la climatización reducirán notablemente la autonomía.
- **La temperatura ambiente:** El rendimiento óptimo de las baterías se consigue con una temperatura exterior comprendida entre 20 y 35ºC. A temperaturas inferiores o superiores se reduce la autonomía.
- **El relieve:** es evidente que ascendiendo se consume más batería que circulando en llano, mientras que avanzar cuesta abajo puede recargar la batería mediante el sistema de freno regenerativo.
- **El tamaño de la batería:** cuanto más grande, más capacidad tendrá y por tanto más autonomía.
- **La densidad energética de la batería:** es decir, la energía que puede contener por unidad de volumen.
- **La eficiencia del motor:** cuantas menos pérdidas, mayor autonomía.

Para homologar los vehículos, los fabricantes han de realizar unas pruebas estandarizadas.

Ciclo NEDC (New European Driving Cicle)

Se trata de una prueba estandarizada a nivel Europeo que sirve para medir el consumo de combustible (en caso de los coches eléctricos, la autonomía) de cualquier coche homologado para su venta en la Comunidad Económica Europea. Actualmente el ciclo **NEDC** ha quedado obsoleto y se usa el ciclo **WLTP.**
El ciclo **NEDC** no se realiza en condiciones reales de circulación, ni siquiera en un circuito. Consiste en una prueba realizada sobre rodillos en un laboratorio, algo que poco tiene que ver con las condiciones reales de circulación. Los rodillos tienen 22 posiciones diferentes que se utilizan para simular la aerodinámica y el peso del coche.
En el ciclo **NEDC** no se tiene en cuenta la inclinación del terreno. Se realiza en condiciones de temperatura ideales, sin calefacción ni climatización, sin equipos eléctricos conectados y con un sólo pasajero. En estas condiciones, los valores de autonomía homologados son muy superiores a los reales. Por esta razón ya no se utiliza este procedimiento de homologación.

Ciclo WLTP (Worldwide Harmonized Light-Duty Vehicles Test Procedures) Procedimientos Muldialmente Armonizados Para Pruebas de Vehículos Ligeros.

Es la prueba estandarizada que sustituye al **NEDC**. Con la entrada en vigor de este nuevo ciclo de control se cambia la forma de comprobar los vehículos con el objetivo de conseguir resultados más estrictos respecto a consumo (en vehículos eléctricos autonomía) y emisiones contaminantes de todos los vehículos homologados en la Comunidad Económica Europea.
Entró en vigor en septiembre de 2017 para los vehículos nuevos y en septiembre de 2018 para todos los vehículos. Es una prueba obligatoria en los procesos de homologación.

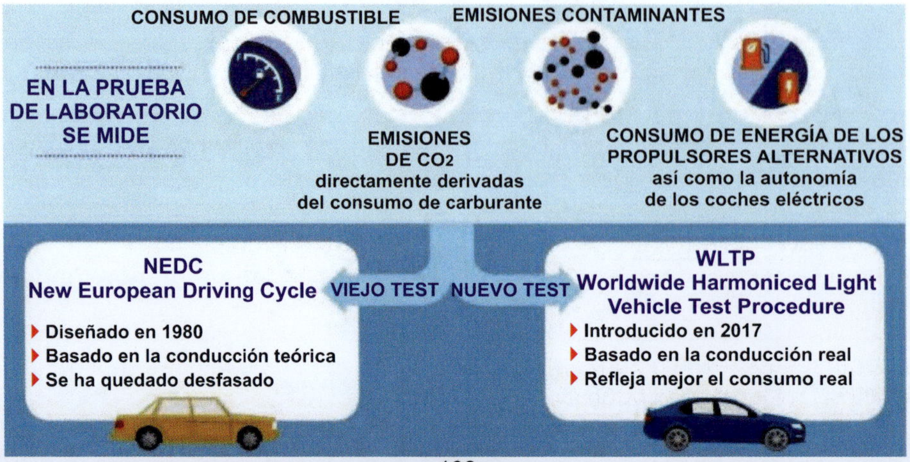

AUTONOMÍA DE LOS VEHÍCULOS ELÉCTRICOS

CICLO PARA HOMOLOGACIÓN WLTP (Worldwide Harmonized Light-Duty Vehicles Test Procedures)

Con el nuevo ciclo se incrementa la duración de las pruebas de los 20 a los 30 minutos. También aumenta el número de kilómetros de la simulación pasando de los 11 a los 23,25 Km.

El nuevo ciclo **WLTP** cambia la forma de comprobar los vehículos, con el fin de simular unas condiciones más reales de conducción más cercanas a las que se dan en carretera. Los resultados son más estrictos respecto a consumo y emisiones en los motores térmicos y algo más reales respecto a autonomía en los vehículos eléctricos. Este ciclo se ha empezado a utilizar en Europa y en Japón, donde también las mediciones se alejaban notablemente de las cifras reales.

Se sigue tratando de una prueba de laboratorio aunque se acerca algo más a la conducción real. Se incrementa la velocidad media de los 34 a los 46,6 Km/h, la velocidad punta llega a los 131 Km/h en lugar de los 121 Km/h de la prueba anterior. La temperatura no es constante, sino que se inicia la prueba a 14ºC con el objetivo de reproducir el estado en el que sale el coche por la mañana.

Con el nuevo ciclo, los datos de consumo aumentan aproximadamente un 25%. Lo mismo ocurre con la autonomía de los vehículos eléctricos, los que anunciaban 400 Km ahora se quedan en 300 Km, en este caso un 25% menos.

Perfil de velocidad en el ciclo WLTP

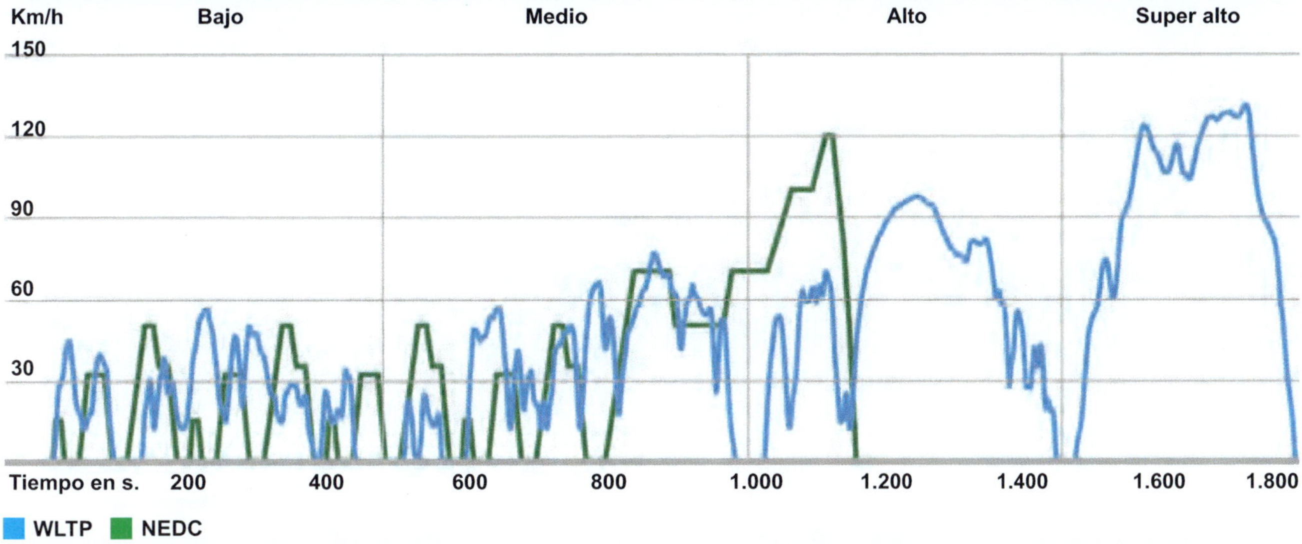

EL PROTOCOLO WLTP TIENE UNAS CONDICIONES DE PRUEBA MUCHO MAS REALES, QUE INCLUYEN:

- Comportamiento de conducción más real
- Velocidades medias y altas más elevadas
- Opciones de equipamiento: los valores de CO2 y el consumo de combustible se proporcionan para cada vehículo individualmente
- Mayor variedad de situaciones de conducción (urbana, suburbana, carreteras convencionales y autopistas
- Mayor potencia media y máxima
- Preparación del vehículo y condiciones de medición más estrictas
- Distáncias más largas
- Temperaturas ambientes más reales y cercanas a la media Europea
- Permite conocer al consumidor los mejores y peores valores, comparando opciones disponibles en modelos similares
- Aceleraciones y desaceleraciones más dinámicas y representativas
- Paradas más cortas

TIPOS DE VEHÍCULOS ELÉCTRICOS

Cortesía de Toyota. © Toyota

VEHÍCULO HÍBRIDO (HVE Hibrid Electric Vehicle)

Un vehículo híbrido es un coche que combina un motor eléctrico con otro de combustión.
Está equipado con una batería de alta tensión de pequeña capacidad, que permite la recuperación de energía en retenciones y frenadas (frenada regenerativa). De esta forma se transforma en electricidad la energía cinética del vehículo, que en otro convencional se pierde en forma de calor por roce de los mecanismos de freno.
Estos vehículos pueden desplazarse en modo eléctrico 100% a baja velocidad y durante pocos kilómetros. Pero aún así se consigue un ahorro de combustible y bajar las emisiones.

Cortesía de Toyota. © Toyota

VEHÍCULO HÍBRIDO ENCHUFABLE (PHVE Plug-In Hibrid Vehicle)

El concepto es idéntico al vehículo híbrido, pero aquí se utiliza una batería de más capacidad y permite la carga a través de un enchufe de red externo.
De esta manera se consigue aumentar la autonomía de funcionamiento en modo 100% eléctrico. Los kilómetros disponibles dependerán de la capacidad de la batería.
Los vehículos híbridos enchufables actuales, tienen una autonomía media en modo 100% eléctrico de aproximadamente 50 Km.
Cuando la batería se agota, el motor térmico impulsa al vehículo y en retenciones y frenadas se carga la batería.

Cortesía de Opel. © Opel

VEHÍCULO ELÉCTRICO (BEV Battery Electric Vehicle)

Se trata de un coche impulsado al 100% en modo eléctrico.
El motor eléctrico es alimentado por una batería de alto voltaje, que en función de su capacidad determinará la autonomía del vehículo (según modelos entre 100 y 500 Km.).
La batería se recarga de forma externa desde un punto de recarga conectado a la red eléctrica. La carga puede ser lenta con corriente alterna o rápida con corriente continua.
La batería también se recarga mediante la frenada regenerativa igual que los híbridos. De esta manera se puede aumentar la autonomía.

Cortesía de Mercedes. © Mercedes

VEHÍCULOS DE PROPULSIÓN ALTERNATIVA

Hasta hace relativamente poco tiempo, los vehículos han utilizado gasoil o gasolina para el funcionamiento del motor encargado de impulsar el vehículo.
No obstante, con el paso de los años se han ido buscando otras opciones más económicas y más ecológicas. Dentro de estas opciones encontramos los vehículos con motor de combustión pero alimentados con gas natural (GNC), gas licuado de petróleo (GLP) o biocombustibles.
También existen en el mercado algunos vehículos impulsados por pila de combustible de hidrógeno.

CARACTERÍSTICAS DE LOS VEHÍCULOS ELÉCTRICOS

AUDI E-TRON QUATTRO

Motor eléctrico	3 motores
Tensión nominal	400 voltios
Potencia CV/KW/rpm	503 CV/370 KW
Par máximo Nm/rpm	800Nm
Autonomía NEDC/WLTP	500 Km/400 Km
Velocidad máxima	limitado a 210 Km/h
Aceleración 0-100 Km/h	4,5 s
TRANSMISIÓN	**Automática**
Tracción	4x4
Nº de velocidades	Normal-Eco-Eco+
BATERÍA	**Ion-litio**
Capacidad	95 Kw/h
Carga lenta 100%	6-8 h
Carga rápida 80%	30 minutos

SUV 4x4 dotado de tres motores, uno delantero y dos traseros.
La gama eléctrica de Audi e-tron está formada por los modelos RS, Q4, Q8 y SQ8.

AXIAM Mega e-City

Motor eléctrico	Mavel Asíncrono
Tensión nominal	48 voltios
Potencia CV/KW/rpm	8,16CV/6 KW
Par máximo Nm/rpm	50 Nm
Autonomía NEDC	75 Km
Velocidad máxima	45 Km/h
Aceleración 0-100 Km/h	No comunicado
TRANSMISIÓN	**Automática**
Tracción	Delantera
Nº de velocidades	Normal-Eco
BATERÍA	**Litio-ferro fosfato**
Capacidad	6,1 Kw/h
Carga lenta 100%	3,5 h
Carga rápida 80%	No

Microcoche de dos plazas y posibilidad de conducción sin carnet. La batería es Litio Life PO4 de Mavel EDT.

BMW i-3

Motor eléctrico	BMW e-Drive
Tensión nominal	360 voltios
Potencia CV/KW/rpm	170 CV/125 KW
Par máximo Nm/rpm	250 Nm
Autonomía NEDC/WLTP	190 Km ó 300 Km/235
Velocidad máxima	150 Km/h
Aceleración 0-100 Km/h	7,2 s
TRANSMISIÓN	**Automática**
Tracción	Trasera
Nº de velocidades	Automático
BATERÍA	**Ion-Litio 360V**
Capacidad	22 Kw/h ó 33 Kw/h
Carga lenta 100%	Schuco 8 h Wallbox 6 h
Carga rápida 80%	20 minutos

Dispone de una batería de 96 celdas reempazabres individualmente.
Existe una versión de híbrido en serie, i3 REX de Range Extender que con un motor de gasolina carga la batería y aporta 150 Km más de autonomía. Está preparada una actualización para el 2018 con 14 Cv más un aumento de par en 20 Nm.
La gama eléctrica actual de BMW está formada por los modelos iX, iX1, iX3, i4 e i7.

CARACTERÍSTICAS DE LOS VEHÍCULOS ELÉCTRICOS

BYD E6 (Build Your Dreams)

Motor eléctrico	Síncrono
Tensión nominal	330V
Potencia CV/KW/rpm	217 CV/160 KW
Par máximo Nm/rpm	450 Nm
Autonomía NEDC/WLTP	400 Km/300 Km
Velocidad máxima	160 Km/h
Aceleración 0-100 Km/h	9,2 s
TRANSMISIÓN	**Automática**
Tracción	Delantera
Nº de velocidades	Normal-Eco
BATERÍA	**Ion-litio-hierro**
Capacidad	80 Kw/h
Carga lenta 100%	8-9 h
Carga rápida 50%	10 minutos

El fabricante Chino **B**uild **Y**our **D**reams ofrece la posibilidad de dos motores, uno delantero de 160 Kw/450 Nm y otro trasero de 40 Kw/100 Nm. La batería de Ion-Litio-Hierro (LiFe PO4) garantiza 4.000 ciclos de carga manteniendo el 75% de la capacidad de la batería.
La gama actual de BYD está formada por los modelos Han EV, Yuan Plus, Seal y Tang EV600.

CHEVROLET BOLT

Motor eléctrico	Síncrono
Tensión nominal	No comunicada
Potencia CV/KW/rpm	204 CV/150 KW
Par máximo Nm/rpm	360 Nm
Autonomía NEDC/WLTP	520 Km/380 Km
Velocidad máxima	150 Km/h
Aceleración 0-100 Km/h	6,5 s
TRANSMISIÓN	**Automática**
Tracción	Delantera
Nº de velocidades	Normal-Eco
BATERÍA	**Ion-Litio-Niquel**
Capacidad	60 Kw/h
Carga lenta 100%	10 h
Carga rápida 80%	30 minutos

El Bolt es un vehículo 100% eléctrico, no como el Volt que es un híbrido en serie o de autonomía extendida. La gama Chrvolet se completa con el Bolt EUV y próximamente con los modelos Equinox EV, Blacer EV y Silverado EV.

CITROËN BERLINGO ELECTRIC

Motor eléctrico	Síncrono
Tensión nominal	300 voltios
Potencia CV/KW/rpm	67 CV/49 KW
Par máximo Nm/rpm	200 Nm/0-1500 rpm
Autonomía NEDC	170 Km
Velocidad máxima	110 Km/h
Aceleración 0-100 Km/h	18,7 s
TRANSMISIÓN	**Automática**
Tracción	Delantera
Nº de velocidades	Automático monomarcha
BATERÍA	**Ion-Litio 300V**
Capacidad	22,5 Kw/h
Carga lenta 100%	8 a 15 h
Carga rápida 80%	30 minutos

La tecnología utilizada en los vehículos eléctricos del grupo PSA es fruto de la colaboración entre PSA y Mitsubishi. La colocación de las baterías integradas en el suelo no disminuye el espacio útil de carga. Utiliza el protocolo de carga CHAdeMO y dispone de dos tomas de carga, una lenta y otra rápida.

CARACTERÍSTICAS DE LOS VEHÍCULOS ELÉCTRICOS

CITROËN C-ZERO

Motor eléctrico	Síncrono
Tensión nominal	300V
Potencia CV/KW/rpm	67 CV/49 KW
Par máximo Nm/rpm	196 Nm/0-2000 rpm
Autonomía NEDC/WLTP	150 Km/100 Km
Velocidad máxima	130 Km/h
Aceleración 0-100 Km/h	15,9 s
TRANSMISIÓN	**Automática**
Tracción	Trasera
Nº de velocidades	D-B-C
BATERÍA	**Ion-litio**
Capacidad	14,5 Kw/h
Carga lenta 100%	8 h
Carga rápida 80%	30 minutos

Comparte mecánica y carrocería con el Mitsubishi i-MiEV.
Dispone de tres modos de conducción en función de la recuperación energética: D, recuperación estándar. B,recuperación máxima para bajadas. C, recuperación mínima conducción más cómoda en extrarradio

CITROËN E-MEHARI

Motor eléctrico	Síncrono
Tensión nominal	No comunicada
Potencia CV/KW/rpm	68 CV/50 KW
Par máximo Nm/rpm	166 Nm/ 0-3700rpm
Autonomía NEDC	200 Km
Velocidad máxima	110 Km/h
Aceleración 0-100 Km/h	7,3 s
TRANSMISIÓN	**Automática**
Tracción	Delantera
Nº de velocidades	Automático
BATERÍA	**Litio-Metal-Polímero**
Capacidad	30 Kw/h
Carga lenta 100%	8 a 13 h
Carga rápida 80%	NO

El e-Mehari es un pequeño SUV de carrocería termoformada de material plástico ABS.
Dispone de una alerta sonora que se activa a velocidad inferior a 30 Km/h para protección de peatones.
La oferta de eléctricos de Citroën se completa con los modelos ë-C4, AMI y el DS3 Crossback E-TENSE.

FORD FOCUS ELECTRIC

Motor eléctrico	Síncrono
Tensión nominal	No comunicada
Potencia CV/KW/rpm	145 CV/107 KW
Par máximo Nm/rpm	250 Nm
Autonomía NEDC	185 Km
Velocidad máxima	135 Km/h
Aceleración 0-100 Km/h	11 s
TRANSMISIÓN	**Automática**
Tracción	Delantera
Nº de velocidades	Automático monomarcha
BATERÍA	**Ion-Litio**
Capacidad	35 Kw/h
Carga lenta 100%	5,5 h
Carga rápida 80%	33 minutos

La batería de Ion-Litio dispone de un sistema de control de temperatura por líquido que permite calentarla o enfriarla según las necesidades.
La gama eléctrica de Ford se completa con el Mustang MACH-E y E-TRANSIT. Hay previstos nuevos modelos como el Puma.

CARACTERÍSTICAS DE LOS VEHÍCULOS ELÉCTRICOS

HUNDAI IONIQ ELÉCTRICO

Motor eléctrico	Síncrono
Tensión nominal	No comunicaa
Potencia CV/KW/rpm	120 CV/88 KW
Par máximo Nm/rpm	295 Nm
Autonomía NEDC/WLTP	280 Km/210 Km
Velocidad máxima	165 Km/h
Aceleración 0-100 Km/h	9,9 s
TRANSMISIÓN	**Automática**
Tracción	AWD
Nº de velocidades	Normal-Eco-Sport
BATERÍA	**Plímero Ion-litio**
Capacidad	28Kw/h
Carga lenta 100%	4,25 a 12 h
Carga rápida 80%	24 minutos

Tiene posibilidad de seleccionar cuatro niveles de recuperación energética, el punto 4 puede detener el vehículo con el freno motor sin actuar sobre los frenos. También está disponible el Hundai Kona que anuncia una autonomía WLTP de 484 Km.

KIA SOUL EV

Motor eléctrico	Síncrono
Tensión nominal	No comunicada
Potencia CV/KW/rpm	109 CV/81,4 KW
Par máximo Nm/rpm	285 Nm/0-2780 rpm
Autonomía NEDC	212 Km
Velocidad máxima	145 Km/h
Aceleración 0-100 Km/h	11,2 s
TRANSMISIÓN	**Automática**
Tracción	Delantera
Nº de velocidades	D-B-Eco
BATERÍA	**Polímero deLitio**
Capacidad	27 Kw/h
Carga lenta 100%	5 h
Carga rápida 80%	30 minutos

La batería es de polímeros de litio con cátodos de níquel cobalto manganeso. El modo Eco aumenta aún más la frenada regenerativa. Como opción para carga rápida está disponible el conector CHAdeMO. La gama actual de Kia eléctricos se completa con el e-Niro y el EV6.

MAXUS EV 80

Motor eléctrico	Síncrono
Tensión nominal	No comunicada
Potencia CV/KW/rpm	136 CV/100 KW
Par máximo Nm/rpm	320 Nm
Autonomía NEDC	200 Km
Velocidad máxima	100 Km/h
Aceleración 0-100 Km/h	No comunicada
TRANSMISIÓN	**Automática**
Tracción	Delantera
Nº de velocidades	Automático monomarcha
BATERÍA	**Litio-hierro LiFe PO4**
Capacidad	56 Kw/h
Carga lenta 100%	8 h
Carga rápida 100%	2 horas

Furgoneta fabricada por el gigante asiático Saic motor con una capacidad de carga superior a 10 m^3. La estructura está fabricada por Lotus.

CARACTERÍSTICAS DE LOS VEHÍCULOS ELÉCTRICOS

MERCEDES CASE B ED

Motor eléctrico	Síncrono
Tensión nominal	No comunicada
Potencia CV/KW/rpm	179 CV/132 KW
Par máximo Nm/rpm	340 Nm
Autonomía NEDC	200 Km
Velocidad máxima	160 Km/h
Aceleración 0-100 Km/h	9,6 s
TRANSMISIÓN	**Automática**
Tracción	Delantera
Nº de velocidades	Sport-Eco-Eco+
BATERÍA	**Ion-litio**
Capacidad	28/36 Kw/h
Carga lenta 100%	12/9/2,4 h
Carga rápida	NO

Tren de potencia y motor desarrollado conjuntamente con Teslamotors. Comparte componentes con el Tesla Model S. Dispone de una opción Rangle Plus con la que se pueden utilizar 33,5 Kw/h de la batería. Permite seleccionar el nivel de recuperación energética entre D-, máxima. D, mínima y D+, ninguna recuperación.

MERCEDES SLS AMG ELECTRIC DRIVE

Motor eléctrico	4 Síncronos
Tensión nominal	400 voltios
Potencia CV/KW/rpm	751 CV/552 KW
Par máximo Nm/rpm	1000 Nm
Autonomía NEDC	250 Km
Velocidad máxima	250 Km/h
Aceleración 0-100 Km/h	3,9 s
TRANSMISIÓN	**Automática**
Tracción	4x4
Nº de velocidades	Confort- Sport- sport plus
BATERÍA	**Ion-Litio**
Capacidad	60 Kw/h
Carga lenta 100%	20 h
Carga rápida 100%	3 h

Dispone de cuatro motores, uno por cada rueda, que pueden actuar de forma independiente para mantener la estabilidad del vehículo o recuperar energía. Con una instalación especial doméstica "Wall Box" se puede cargar la batería al 100% en 3 horas.
La gama se completa con los modelos EQV, EQB, EQS Y EQA.

MITSUBISHI i-MiEV

Motor eléctrico	Síncrono
Tensión nominal	330 voltios
Potencia CV/KW/rpm	67 CV/49 KW
Par máximo Nm/rpm	196 Nm/0-1500 rpm
Autonomía NEDC/WLTP	160 Km/100 Km
Velocidad máxima	130 Km/h
Aceleración 0-100 Km/h	15,9 s
TRANSMISIÓN	**Automática**
Tracción	Trasera
Nº de velocidades	D -B- C
BATERÍA	**Ion-Litio**
Capacidad	16 Kw/h
Carga lenta 100%	8 h
Carga rápida 80%	30 minutos

Dispone de un sistema de carga dual con cargador doméstico en 8 horas y con cargador rápido en corriente continua en sólo 30 minutos. En el cambio se puede seleccionar D para regeneración estándar, B para regeneración máxima y C de menor regeneración para una conducción más cómoda en el extrarradio.

CARACTERÍSTICAS DE LOS VEHÍCULOS ELÉCTRICOS

NISSAN e-NV200

Motor eléctrico	Síncrono
Tensión nominal	360V
Potencia CV/KW/rpm	109 CV/80 KW
Par máximo Nm/rpm	254 Nm
Autonomía NEDC	170 Km
Velocidad máxima	123 Km/h
Aceleración 0-100 Km/h	14 s
TRANSMISIÓN	**Automática**
Tracción	Delantera
Nº de velocidades	4 modos de conducción
BATERÍA	**Ion-litio**
Capacidad	24 Kw/h
Carga lenta 100%	8 h
Carga rápida 80%	30 minutos

La colocación de las baterías en el piso, permiten conseguir una zona de carga de 4,2 m^3 y hasta 770 Kg. de peso.

NISSAN LEAF

Motor eléctrico	Síncrono
Tensión nominal	360V
Potencia CV/KW/rpm	109 CV/80 KW
Par máximo Nm/rpm	254 Nm/0-3000 rpm
Autonomía NEDC	250 Km
Velocidad máxima	144 Km/h
Aceleración 0-100 Km/h	11.5 s
TRANSMISIÓN	**Automática**
Tracción	Delantera
Nº de velocidades	Reductora 1 velocidad
BATERÍA	**Ion-Litio**
Capacidad	30 Kw/h
Carga lenta 100%	8 h
Carga rápida 80%	40 minutos

Es uno de los primeros vehículos concebidos como vehículo eléctrico 100% no derivado de otro modelo de combustión. Dispone de dos conectores de carga en el frontal para carga lenta o rápida.

NISSAN LEAF 2018

Motor eléctrico	Síncrono
Tensión nominal	360 voltios
Potencia CV/KW/rpm	150 CV/110 KW
Par máximo Nm/rpm	320 Nm/0-3000 rpm
Autonomía NEDC/WLTP	378 Km/270 Km
Velocidad máxima	144 Km/h
Aceleración 0-100 Km/h	8,6 s
TRANSMISIÓN	**Automática**
Tracción	Delantera
Nº de velocidades	Automático monomarcha
BATERÍA	**Ion-Litio**
Capacidad	40 Kw/h
Carga lenta 100%	8h
Carga rápida 80%	40 minutos

El nuevo Nissan Leaf 2018 incorpora nuevas funciones como el e-pedal, que permite conducir sólo con el pedal del acelerador. El Pro-PILOT que mantiene el vehículo en el carril a la velocidad y distancia seleccionada. Sistema anticolisión. Frontal inteligente con detección de peatones, etc.
La gama eléctrica de Nissan se completa con el Crossover ARIYA y la industrial TOWNSTAR.

CARACTERÍSTICAS DE LOS VEHÍCULOS ELÉCTRICOS

OPEL AMPERA-e

Motor eléctrico	Síncrono
Tensión nominal	No comunicada
Potencia CV/KW/rpm	204 CV/150 KW
Par máximo Nm/rpm	360 Nm
Autonomía NEDC/WLTP	500 Km/ 380 Km
Velocidad máxima	150 Km/h
Aceleración 0-100 Km/h	7,3 s
TRANSMISIÓN	**Automática**
Tracción	Delantera
Nº de velocidades	Normal-Eco
BATERÍA	**Ion-litio LG**
Capacidad	60 Kw/h
Carga lenta 100%	9 h
Carga rápida 100%	60 minutos

Es el Chevrolet Bolt que en Europa se comercializa como Opel Ampera-e vehículo 100% eléctrico con una autonomía declarada según ciclo NEDC (New European Driving Cycle) de más de 500 Km, 380 Km con WLTP. Tras su alianza con el grupo PSA, Opel dispone de los siguientes vehículos eléctricos: Corsa-e, Mokka-e, Combo-e Life, Zafira e-Life y Vivaro-e.

PEUGEOT ION

Motor eléctrico	Síncrono
Tensión nominal	300V
Potencia CV/KW/rpm	67 CV/49 KW
Par máximo Nm/rpm	196 Nm/0-200 rpm
Autonomía NEDC/WLTP	150 Km/100 Km
Velocidad máxima	130 Km/h
Aceleración 0-100 Km/h	15,9 s
TRANSMISIÓN	**Automática**
Tracción	Trasera
Nº de velocidades	D-B-C
BATERÍA	**Ion-Litio**
Capacidad	14,5 Kw/h
Carga lenta 100%	8 h
Carga rápida 80%	30 minutos

Comparte mecánica y carrocería con el Mitsubishi i-MiEV y Citroën C- Zero.
Dispone de tres modos de conducción en función de la recuperación energética: D, recuperación estándar. B, recuperación máxima para bajadas. C, recuperación mínima para una conducción más cómoda en extrarradio

PEUGEOT PARTNER ELECTRIC

Motor eléctrico	Síncrono
Tensión nominal	300 voltios
Potencia CV/KW/rpm	67 CV/49 KW
Par máximo Nm/rpm	200 Nm/0-1500 rpm
Autonomía NEDC	170 Km
Velocidad máxima	110 Km/h
Aceleración 0-100 Km/h	18,7 s
TRANSMISIÓN	**Automática**
Tracción	Delantera
Nº de velocidades	Automático monomarcha
BATERÍA	**Ion-Litio 300V**
Capacidad	22,5 Kw/h
Carga lenta 100%	8 a 15 h
Carga rápida 80%	30 minutos

Al igual que el Citroën Berlingo, la tecnología utilizada por del grupo PSA es fruto de la colaboración entre PSA y Mitsubishi. La colocación de las baterías integradas en el suelo no disminuye el espacio útil de carga. Utiliza el protocolo de carga CHAdeMO y dispone de dos tomas de carga, una lenta y otra rápida. La gama Peugeot se completa con el e-208 que comparte mecánica y plataforma con el Corsa-e y el ë-4.

CARACTERÍSTICAS DE LOS VEHÍCULOS ELÉCTRICOS

REANAULT KANGOO ZE

Motor eléctrico	Síncrono
Tensión nominal	400V
Potencia CV/KW/rpm	64 CV/44 KW
Par máximo Nm/rpm	226 Nm
Autonomía NEDC	270 Km
Velocidad máxima	130 Km/h
Aceleración 0-100 Km/h	20,3 s
TRANSMISIÓN	**Automática**
Tracción	Delantera
Nº de velocidades	Una automática
BATERÍA	**Ion-litio**
Capacidad	33 Kw/h
Carga lenta 100%	6 h
Carga rápida	No

La batería de Renault puede ser de compra o alquiler. El precio del alquiler varía en función de los kilómetros recorridos anualmente.

RENAULT TWIZY

Motor eléctrico	3CG Síncrono
Tensión nominal	60 V
Potencia CV/KW/rpm	13 CV/8 KW
Par máximo Nm/rpm	57 Nm/0 A 2100 rpm
Autonomía NEDC	100 Km
Velocidad máxima	80 Km/h
Aceleración 0-100 Km/h	No comunicada
TRANSMISIÓN	**Automática**
Tracción	Trasera
Nº de velocidades	Una Automática
BATERÍA	**Ion-Litio**
Capacidad	6,1 Kw/h
Carga lenta 100%	3,5 h
Carga rápida	No

El cable de carga está incorporado en la parte delantera del vehículo y se conecta a una base de enchufe doméstico. La batería puede ser de alquiler o compra. Existe una versión limitada a 45 Km/h que se puede conducir sin carnet.

RENAULT ZOE

Motor eléctrico	Síncrono
Tensión nominal	400 voltios
Potencia CV/KW/rpm	92 CV/68 KW
Par máximo Nm/rpm	225 Nm/0-3000 rpm
Autonomía NEDC/WLTP	400 Km/300 Km
Velocidad máxima	135 Km/h
Aceleración 0-100 Km/h	13,2 s
TRANSMISIÓN	**Automática**
Tracción	Delantera
Nº de velocidades	Automático monomarcha
BATERÍA	**Ion-Litio 400V**
Capacidad	22 ó 41 Kw/h
Carga lenta 100%	10 h
Carga rápida 80%	1 h

Este modelo de Renault, dispone de conector para carga rápida. Los tiempos de carga varían en función del tipo de cargador que se utilice, que puede ser doméstico, Wallbox público o Quick Charger de 43 Kw (3x62A). La gama eléctrica de Renault se completa con los modelos Megane E-TECH, Twingo E-TECH y la furgoneta Master E-TECH.

CARACTERÍSTICAS DE LOS VEHÍCULOS ELÉCTRICOS

SEAT e-Mii

Motor eléctrico	Síncrono
Tensión nominal	374 voltios
Potencia CV/KW/rpm	82 CV/60 KW
Par máximo Nm/rpm	210 Nm
Autonomía NEDC/WLTP	160 Km/100 Km
Velocidad máxima	130 Km/h
Aceleración 0-100 Km/h	11,3 s
TRANSMISIÓN	**Automática**
Tracción	Delantera
Nº de velocidades	Eco, Eco +
BATERÍA	**Ion-litio**
Capacidad	18,7 Kw/h
Carga lenta 100%	9 h
Carga rápida 80%	30 minutos

Es el único eléctrico 100% disponible de Seat . Es un modelo derivado del Volkwagen e-Up. Dentro del grupo, el eléctrico disponible es el Cupra Born con baterías de 58 y 77Kw.

SMART FORFOUR ELECTRIC DRIVE

Motor eléctrico	Síncrono
Tensión nominal	400V
Potencia CV/KW/rpm	82 CV/60 KW
Par máximo Nm/rpm	160 Nm
Autonomía NEDC	155 Km
Velocidad máxima	130 Km/h
Aceleración 0-100 Km/h	12,7 s
TRANSMISIÓN	**Automática**
Tracción	Trasera
Nº de velocidades	Normal-Eco
BATERÍA	**Ion-Litio**
Capacidad	17,6 Kw/h
Carga lenta 100%	6 h
Carga rápida 80%	3,5 horas

Mediante un radar que controla el tráfico, el vehículo selecciona automáticamente el nivel de recuperación energética. También se puede seleccionar el modo ECO.

SMART FORTWO ELECTRIC DRIVE

Motor eléctrico	Síncrono
Tensión nominal	400v
Potencia CV/KW/rpm	82 CV/60 KW
Par máximo Nm/rpm	160 Nm
Autonomía NEDC	155 Km
Velocidad máxima	130 Km/h
Aceleración 0-100 Km/h	11,5 s
TRANSMISIÓN	**Automática**
Tracción	Trasera
Nº de velocidades	Normal-Eco
BATERÍA	**Ion-Litio**
Capacidad	17,6 Kw/h
Carga lenta 100%	6 h
Carga rápida 80%	3,5 horas

Esencialmente utiliza la misma configuración mecánica que el Fortfour. En los modelos Smart, se puede solicitar de forma opcional un cargador de 22 Kw que permite cargar la batería al 80% en menos de una hora. **Actualmente, los motores eléctricos utilizados por los Smart son los de Renault, el mismo que el Zoe.**

CARACTERÍSTICAS DE LOS VEHÍCULOS ELÉCTRICOS

TESLA MODEL 3

Motor eléctrico	Síncrono
Tensión nominal	No comunicada
Potencia CV/KW/rpm	262 CV/192 KW
Par máximo Nm/rpm	429 Nm
Autonomía NEDC	345 a 500 Km
Velocidad máxima	210 Km/h
Aceleración 0-100 Km/h	5,6 s
TRANSMISIÓN	**Automática**
Tracción	Trasera
Nº de velocidades	Una automática
BATERÍA	**Ion-litioo litio o LiFe PO4**
Capacidad	75 a 95 Kw/h
Carga lenta 100%	10 h
Carga rápida 200 Km	30 minutos

Es el modelo más económico de la marca. Se fabrica en Estados Unidos y en China. Ultimamente se están dotando de baterías de litio ferrofosfato (LiFe PO4). Se ofrecen baterías de rango extendido y multitud de elementos opcionales.

TESLA MODEL S

Motor eléctrico	Dual delante-detrás
Tensión nominal	No comunicada
Potencia CV/KW/rpm	332- 612 CV/237-450 KW
Par máximo Nm/rpm	525 a 967 Nm
Autonomía NEDC	466 a 572 Km
Velocidad máxima	250 Km/h
Aceleración 0-100 Km/h	2,7 a 5,8 s
TRANSMISIÓN	**Automática**
Tracción	Total
Nº de velocidades	Una automática
BATERÍA	**Ion-Litio**
Capacidad	75-90-100 Kw/h
Carga lenta 100%	12 h
Carga rápida 80%	30 minutos

La carga es gratis en las estaciones Tesla Supercharger. Se puede equipar con baterías de 75, 90 ó 100 Kw/h. Dispone de hardware para conducción autónoma.

TESLA MODEL X

Motor eléctrico	Dual delante-detrás
Tensión nominal	No comunicada
Potencia CV/KW/rpm	524 a 612 CV/450 KW
Par máximo Nm/rpm	525 a 977 Nm
Autonomía NEDC	417 a 565 Km
Velocidad máxima	250 Km/h
Aceleración 0-100 Km/h	3,1 a 6,2 s
TRANSMISIÓN	**Automática**
Tracción	4x4
Nº de velocidades	Automático monomarcha
BATERÍA	**Ion-Litio**
Capacidad	75-90-100 Kw/h
Carga lenta 100%	12 h
Carga rápida 80%	30 minutos

Es el SUV de la marca dotado con los últimos avances en seguridad como cámaras 360º, sensores ultrasónicos, radar, etc. Es llamativa la apertura de puertas en ala de halcón.

CARACTERÍSTICAS DE LOS VEHÍCULOS ELÉCTRICOS

TESLA ROADSTER

Motor eléctrico	3 motores 1 front 2 post
Tensión nominal	No comunicada
Potencia CV/KW/rpm	No comunicada
Par máximo Nm/rpm	10.000 Nm
Autonomía NEDC	1.000 Km
Velocidad máxima	400 Km/h
Aceleración 0-100 Km/h	2,1 s
TRANSMISIÓN	**Automática**
Tracción	Total
Nº de velocidades	Automática
BATERÍA	**Ion-litio**
Capacidad	200 Kw/h
Carga lenta 100%	No comunicada
Carga rápida 80%	No comunicada

Tesla tenía previsto comercializar este superdeportivo en el 2020. Se aceptan reservas, pero de momento no hay producción. Puede ser el coche más rápido del mundo con record en aceleración, autonomía y rendimiento. El que si está disponible es el Model Y.

VOLKSWAGEN e-GOLF

Motor eléctrico	Síncrono
Tensión nominal	323 V
Potencia CV/KW/rpm	136 CV/100 KW
Par máximo Nm/rpm	290 Nm
Autonomía NEDC	279 Km
Velocidad máxima	150 Km/h
Aceleración 0-100 Km/h	9,6 s
TRANSMISIÓN	**Automática**
Tracción	Delantera
Nº de velocidades	Normal-Eco-Eco+
BATERÍA	**Ion-Litio**
Capacidad	26,5 Kw/h
Carga lenta 100%	8 h
Carga rápida 80%	30 minutos

El clásico de Volkswagen en versión eléctrica, dotado de los últimos avances en seguridad y confort.

VOLKSWAGEN e-UP

Motor eléctrico	Síncrono
Tensión nominal	374 voltios
Potencia CV/KW/rpm	82 CV/60 KW
Par máximo Nm/rpm	210 Nm/0-1500 rpm
Autonomía NEDC/WLTP	160 Km/100 Km
Velocidad máxima	130 Km/h
Aceleración 0-100 Km/h	12,3 s
TRANSMISIÓN	**Automática**
Tracción	Delantera
Nº de velocidades	Eco-Eco+
BATERÍA	**Ion-Litio**
Capacidad	18,7 Kw/h
Carga lenta 100%	9 h
Carga rápida 80%	30 minutos

Se puede elegir entre cuatro niveles de recuperación energética de máxima a mínima desaceleración para aprovechar al máximo la frenada regenerativa.
La gama actual de Volkswagen eléctricos está disponible en los modelos I-D 3, 4, 5 y 6. Con baterías de 58 a 77 Kw/h.

GENERAL

Marque con una X en esta tabla la respuesta correcta a cada pregunta.

1			2			3			4			5			6			7			8			9			10		
a	b	c	a	b	c	a	b	c	a	b	c	a	b	c	a	b	c	a	b	c	a	b	c	a	b	c	a	b	c

1.- El primer vehículo eléctrico reconocido mundialmente data del año:
- ☐ a) 1900
- ☐ b) 1969
- ☐ c) 1881

2.- Con la palanca de cambio en posición "B" se consigue:
- ☐ a) Recuperación energética nula
- ☐ b) Recuperación energética normal
- ☐ c) Recuperación energética máxima

3.- El milióhmetro utiliza una técnica de medición mediante:
- ☐ a) Dos cables
- ☐ b) Cuatro cables
- ☐ c) Seis cables

4.- La tensión de prueba habitual para las medidas de aislamiento es:
- ☐ a) 50 voltios
- ☐ b) 100 voltios
- ☐ c) 500 voltios

5.- Un módulo de batería suele estar formado por:
- ☐ a) Tres celdas en serie conectadas en paralelo con otras tres
- ☐ b) Tres celdas en serie conectadas en serie con otras tres
- ☐ c) Tres celdas en paralelo conectadas en serie con otras tres

6.- Al sacar el desconectador de la batería de alta tensión, se corta:
- ☐ a) La alta tensión
- ☐ b) La línea piloto
- ☐ c) La alta tensión y la línea piloto

7.- En los modelos de Renault, la tensión de trabajo de la batería de AT es de:
- ☐ a) 100 voltios
- ☐ b) 300 voltios
- ☐ c) 400 voltios

8.- Es necesario poner en cuarentena un vehículo eléctrico cuando la batería alcanza los:
- ☐ a) 40 °C
- ☐ b) 60 °C
- ☐ c) 80 °C

9.- Las hojas de rescate utilizan una simbología:
- ☐ a) Específica de cada fabricante
- ☐ b) De la ubicación de los cables de alta tensión
- ☐ c) Universal para todos los vehículos

10.- Después de un accidente en el que han saltado los airbags:
- ☐ a) El sistema HV sigue activo
- ☐ b) El sistema HV se desconecta automáticamente
- ☐ c) Hay que desconectar el sistema HV

GENERAL

Marque con una X en esta tabla la respuesta correcta a cada pregunta.

11			12			13			14			15			16			17			18			19			20		
a	b	c	a	b	c	a	b	c	a	b	c	a	b	c	a	b	c	a	b	c	a	b	c	a	b	c	a	b	c

11.- la batería de 12 voltios se carga mediante:
- ☐ a) Un alternador
- ☐ b) Un transformador DC/DC
- ☐ c) El motor eléctrico

12.- La misión del inversor es:
- ☐ a) Transformar la corriente continua de la batería de AT en alterna para el motor
- ☐ b) Transformar la corriente alterna del motor en continua para la batería de AT
- ☐ c) Transformar la corriente continua de la batería de AT continua para la batería de 12 voltios

13.- La resistencia interna de cada celda de batería en buen estado será:
- ☐ a) Alrededor de 1 Ω
- ☐ b) Superior a 1 Ω
- ☐ c) Inferior a 0,01 Ω

14.- En caso de que el sistema EOBD no funcione, para medidas de temperatura a largo plazo utilizaremos:
- ☐ a) Un termómetro láser
- ☐ b) Tiras autoadhesivas de medida de temperatura
- ☐ c) Un termómetro de contacto

15.- Para la calefacción del habitáculo, en los vehículos eléctricos se utiliza:
- ☐ a) El líquido refrigerante del motor
- ☐ b) El líquido refrigerante del inversor
- ☐ c) Calefacción eléctrica PTC y/o caldera auxiliar

16.- El compresor eléctrico es alimentado con:
- ☐ a) Alta tensión
- ☐ b) Tensión de batería de 12 voltios
- ☐ c) Alta tensión o tensión de 12 voltios según modelos

17.- Para homologar un vehículo en la Comunidad Europea, ha de realizarse:
- ☐ a) El ciclo WLTP
- ☐ b) El ciclo NEDC
- ☐ c) La normativa Euro 7

18.- ¿Quién está capacitado para desmontar una batería de Alta Tensión?
- ☐ a) Un Técnico en Alta Tensión HVT
- ☐ b) Un Experto en Alta Tensión HVE
- ☐ c) Una persona Instruida en Electrotécnica EUP

19.- En el Volkswagen e-Golf, el conector de servicio está ubicado en:
- ☐ a) El compartimento motor
- ☐ b) En el maletero
- ☐ c) Bajo el asiento trasero

20.- La resistencia medida entre la carcasa del motor y la carrocería del vehículo, será como máximo:
- ☐ a) 0,1 Ω
- ☐ b) 0,75 Ω
- ☐ c) 1 Ω

BIBLIOGRAFIA

En la confección de este manual hemos utilizado imágenes de diversas publicaciones técnicas, principalmente de fabricantes de automóviles. Estas publicaciones son manuales autodidácticos o documentación que los fabricantes suelen entregar en sus cursos de formación. Junto a cada una de las imágenes cedidas se especifica el propietario de la misma.

Para la realización de los esquemas eléctricos se ha utilizado principalmente la documentación oficial de la marca. Nuestra labor ha consistido en su verificación y adaptación al mismo formato.

Los datos técnicos que aparecen en las fichas de diagnóstico son los facilitados por las distintas marcas. Éstos, en la mayoría de los casos, han sido contrastados con los datos reales sobre el vehículo, hecho éste, que nos garantiza la máxima fiabilidad.

AGRADECIMIENTOS

Expresamos nuestro más sincero agradecimiento a todas aquellas personas y entidades que han creído en nuestro proyecto. Con su inestimable colaboración lo han hecho posible. También damos las gracias a las empresas que nos han facilitado datos técnicos y a todos los profesionales que con su experiencia diaria nos han ayudado en el diagnóstico de las averías que habitualmente encuentran y que han sido recogidas en este manual.

Un especial agradecimiento a todas aquellas marcas que nos han dado permiso para utilizar las imágenes de su propiedad incluidas en este manual.

SUGERENCIAS

Éste es el undécimo autodidáctico editado por **ESCOLA TÈCNICA DEL VALLÈS** de una serie que trata diferentes temas relacionados con las nuevas tecnologías en el mundo del automóvil. Le hemos dado el formato y contenido que hemos creído más correcto para su utilización en el taller de reparación. No obstante, estamos convencidos que con su opinión podremos mejorar el producto.
Si tiene alguna sugerencia que aportarnos o ha detectado algún error, le agradeceríamos que nos lo comunicara.

Escola Tècnica del Vallès
Pg. Sant valerià, 106
08186 Lliçà d'Amunt
Barcelona
Tel 622074329
e-mail escolatecnicadelvalles@gmail.com

ETV
Escola Tècnica del Vallès

SOLUCIONES

CUESTIONARIO GENERALIDADES Y SEGURIDAD

Resaltada en verde la respuesta correcta a cada pegunta

1	2	3	4	5	6	7	8	9	10
a b **c**	a **b** c	**a** b c	a b **c**	**a** b c	a **b** c	**a** b c	a b **c**	**a** b c	a b **c**

11	12	13	14	15	16	17	18	19	20
a **b** c	a b **c**	a b **c**	a b **c**	**a** b c	a **b** c	a **b** c	**a** b c	a **b** c	**a** b c

CUESTIONARIO BATERÍAS Y MOTORES DE TRACCIÓN

Resaltada en verde la respuesta correcta a cada pegunta

1	2	3	4	5	6	7	8	9	10
a b **c**	a **b** c	**a** b c	a **b** c	**a** b c	a b **c**	a **b** c	a b **c**	a b **c**	a b **c**

11	12	13	14	15	16	17	18	19	20
a b **c**	a **b** c	**a** b c	a **b** c	a b **c**	a **b** c	a b **c**	a b **c**	**a** b c	a **b** c

CUESTIONARIO GENERAL

Resaltada en verde la respuesta correcta a cada pegunta

1	2	3	4	5	6	7	8	9	10
a b **c**	a b **c**	a **b** c	a b **c**	a b **c**	a b **c**	a b **c**	a **b** c	a b **c**	a **b** c

11	12	13	14	15	16	17	18	19	20
a **b** c	**a** b c	a b **c**	a **b** c	a b **c**	**a** b c	**a** b c	a **b** c	**a** b c	**a** b c

Página	Concepto

Printed in Dunstable, United Kingdom

75491802R00076